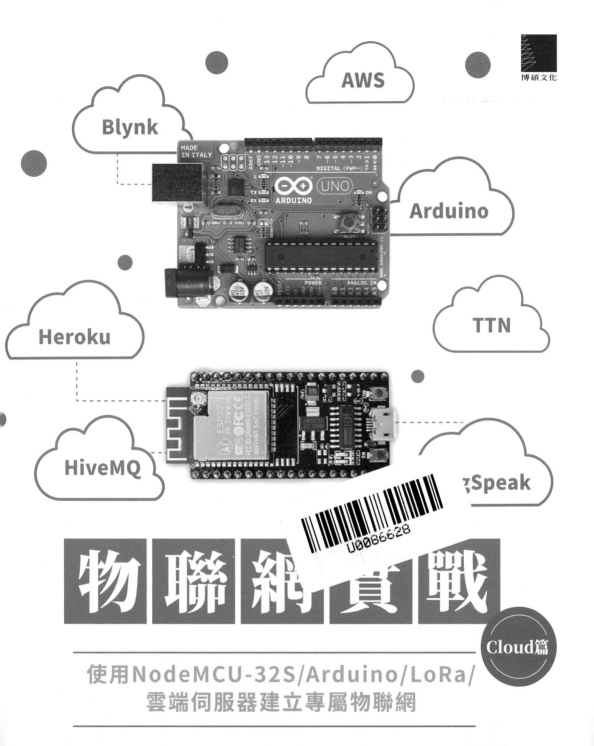

AWS

博碩文化

Blynk

MADE
IN ITALY

UNO

ARDUINO

Arduino

Heroku

TTN

HiveMQ

U0086628

ꓼSpeak

物聯網實戰

Cloud篇

使用NodeMCU-32S/Arduino/LoRa/
雲端伺服器建立專屬物聯網

林聖泉 著

 本書範例程式
請至博碩官網下載

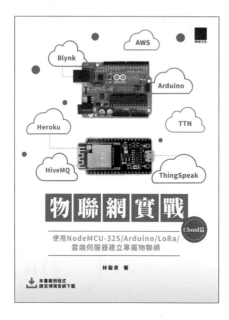

作　　者：林聖泉
責任編輯：林楷倫

董 事 長：陳來勝
總 編 輯：陳錦輝

出　　版：博碩文化股份有限公司
地　　址：221 新北市汐止區新台五路一段 112 號 10 樓 A 棟
　　　　　電話 (02) 2696-2869　傳真 (02) 2696-2867

發　　行：博碩文化股份有限公司
郵撥帳號：17484299　戶名：博碩文化股份有限公司
博碩網站：http://www.drmaster.com.tw
讀者服務信箱：dr26962869@gmail.com
訂購服務專線：(02) 2696-2869 分機 238、519
（週一至週五 09:30 ～ 12:00；13:30 ～ 17:00）

版　　次：2022 年 11 月初版一刷

建議零售價：新台幣 690 元
I S B N：978-626-333-315-4
律師顧問：鳴權法律事務所 陳曉鳴律師

本書如有破損或裝訂錯誤，請寄回本公司更換

國家圖書館出版品預行編目資料

物聯網實戰 . Cloud 篇：使用 NodeMCU-32S/
Arduino/LoRa/ 雲端伺服器建立專屬物聯網
/ 林聖泉著 . -- 初版 . -- 新北市：博碩文化
股份有限公司，2022.11
　　面；　公分

ISBN 978-626-333-315-4(平裝)

1.CST: 微電腦 2.CST: 雲端運算 3.CST: 電腦
程式語言

471.516　　　　　　　　　　　111018615

Printed in Taiwan

博碩粉絲團　**歡迎團體訂購，另有優惠，請洽服務專線**
(02) 2696-2869 分機 238、519

商標聲明

本書中所引用之商標、產品名稱分屬各公司所有，本書引用
純屬介紹之用，並無任何侵害之意。

有限擔保責任聲明

雖然作者與出版社已全力編輯與製作本書，唯不擔保本書及
其所附媒體無任何瑕疵；亦不為使用本書而引起之衍生利益
損失或意外損毀之損失擔保責任。即使本公司先前已被告知
前述損毀之發生。本公司依本書所負之責任，僅限於台端對
本書所付之實際價款。

著作權聲明

本書著作權為作者所有，並受國際著作權法保護，未經授權
任意拷貝、引用、翻印，均屬違法。

自序

「物聯網實戰」從原來「樹莓派 + Arduino」的硬體架構演進到「樹莓派 +
ESP32」，這次延伸到「雲端伺服器」（Cloud Server），主要特色

■ 不須自行管理 MQTT 伺服器

■ *毋*須維護資料庫

■ 充分運用資源豐富的網路資源

硬 體 部 分 使 用「Arduino UNO」、「Arduino Pro Mini」、「ESP32」、「LoRa 收 發
器」，軟體部分使用「Arduino IDE」、「Node-RED」、「JavaScript」，有系統整合
建立實用的「物聯網」。

本書介紹 7 個雲端伺服器

■ Arduino IoT Cloud

■ Blynk

■ ThingSpeak

■ HiveMQ

■ Heroku

■ AWS

■ TTN

物聯網藉由「MQTT」、「HTTP」通訊與雲端伺服器密切往來，監控裝置、儲存
資料。

本書依據通訊方式分成兩個主軸

■ WiFi

■ LoRa

WiFi 是物聯網相當成熟與普及的通訊手段，本書將充分運用它；在無 WiFi 場域，運用 LoRa 收發器連上 TTN 建立 LoRaWAN 網路是一個具有潛力的新選擇。

本書另一個重點，運用雲端資料庫

- ClearDB MySQL

- MongoDB

- DynamoDB

儲存物聯網資料。

本書將引領讀者端坐在雲上「俯瞰」、「撥弄」萬頭攢動的「物聯網」。

筆者要感謝吾妻的體貼與鼓勵、以及博碩文化蔡瓊慧編輯、林楷倫編輯與同仁們的大力協助。

林聖泉 於台中 2022/11

目錄

Chapter 09 運用 LoRa 於物聯網

Chapter 10 Cloud 7：TTN

Appendix 附錄

Chapter

01

Cloud 1：
Arduino IoT
Cloud

第 1 朵雲 Arduino IoT Cloud，Arduino 自 2005 年問世，憑藉著開源硬體與軟體
（open-source hardware and software），允許任何人製造 Arduino 板或發行軟
體，迅速在社群普及，眾多配合不同功能需求的 Arduino 產品推陳出新，相關資
源俯拾皆是，讓 Arduino 成為許多創客、學子樂於使用的嵌入式系統。近年更進
一步推出 Arduino IoT Cloud，由單板嵌入式系統的領域，跨足物聯網的世界。
既然是物聯網，嵌入式系統就必須具備 WiFi 功能，本書採用由 Espressif 公司出
品 NodeMCU-32S（後面簡稱 ESP32）。有關 Arduino IDE，請參閱附錄 A；有關
ESP32，請參閱附錄 D。

1.1　Arduino IoT Cloud

1. 申請、登入帳號，官網 https://www.arduino.cc/。免費帳號提供

   ◆ 2 個「物」（Things）

   ◆ 儀表板數量不限

   ◆ 100 Mb 儲存空間

   ◆ 每日可編譯 25 個程式

   ◆ 資料保存 1 日

2. 進入 Arduino Cloud > GET STARTED。

3. 點選 IoT Cloud。

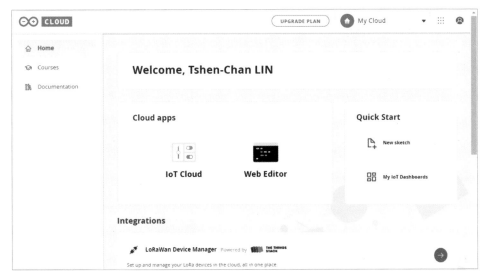

圖 1.1　Arduino Cloud 頁面

4.　Arduino IoT 基本組成

◆　裝置（Devices）

◆　物（Things）

◆　儀表板（Dashboards）

以例題說明如何設定 Arduino IoT 各組成、上傳程式至 ESP32，建立完整物聯網。

例題 **1.1**

利用 Arduino IoT Cloud 建立以 ESP32 為控制核心的物聯網，控制內建 LED（GPIO2）。

📶 裝置設定

01 點擊 Devices 頁籤 > ADD，設定裝置。

02 新增裝置：分 Arduino 與非 Arduino 裝置。

- Set up an Arduino device

- Set up a 3rd Party device：若使用非 Arduino 裝置，例如：ESP8266 或 ESP32，點擊此選項。點選 ESP32 > NodeMCU-32S，名稱 esp32_1（註：不可使用空格或其他特殊符號）

圖 1.2　建立裝置

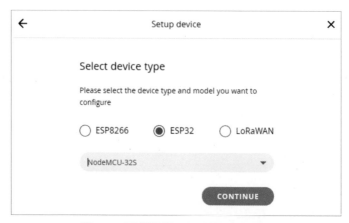

圖 1.3　選擇裝置：NodeMCU-32S

03 系統產生 Device ID 與 Secret Key，將用在程式中，請下載 pdf 檔案備用，勾選 I saved my device ID and Secret Key，點擊「CONTINUE」。

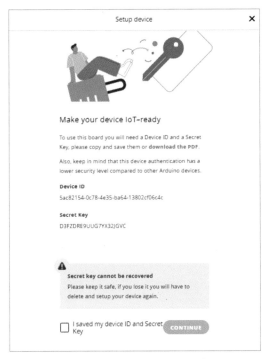

圖 1.4　系統產生裝置 ID 與密碼

04 設定完成如圖 1.5。

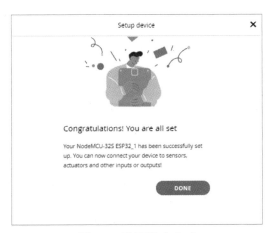

圖 1.5　裝置設定完成

🛜 物（**Things**）設定

依 Variable、Device、Network 順序設定

- Variables：程式會用到的變數

- Device：連結裝置設定

- Network：無線網路設定

01 點擊 Things 頁籤 > CREATE THING，新增「物」，名稱 ex1_1。

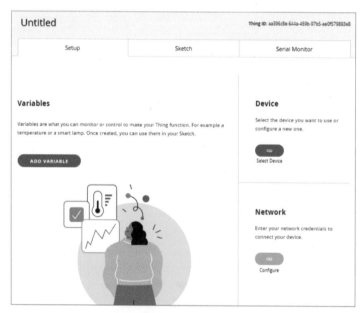

圖 1.6 建立物

02 點擊 ADD VARIABLE，設定布林變數 led，可讀寫（Read & Write），只要狀態改變更新變數（On change），例如：在儀表板按下開關，此變數改變將會引發裝置的 onLedChange 事件，這會在後面說明。

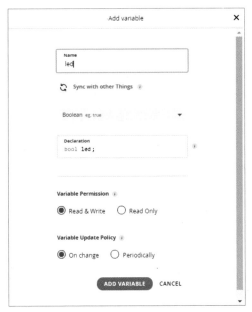

圖 1.7 設定變數

03 連結裝置，點擊「Associated Device」連結圖塊，連結 esp32_1，圖 1.8 所示已連結。

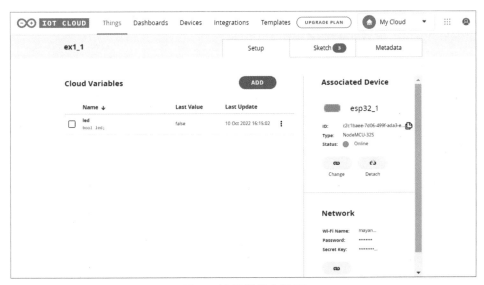

圖 1.8 連結變數與裝置

04 網路設定：點擊 Network > Configure，確認 SSID 與密碼，輸入 Secret Key（前面下載 pdf 檔案，複製後黏貼），如圖 1.9。

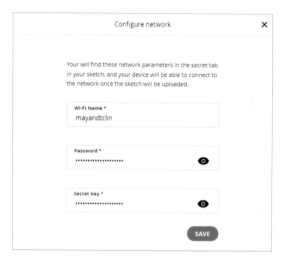

圖 1.9　無線網路、裝置金鑰設定

📶 編輯程式

點選 Sketch，如圖 1.10，點 </> Open full editor，若非 Arduino Devices 在 Arduino IoT Cloud 無法被找到（No associated device found），需安裝 Arduino Create Agent，在 Web Editor 編輯、上傳程式。

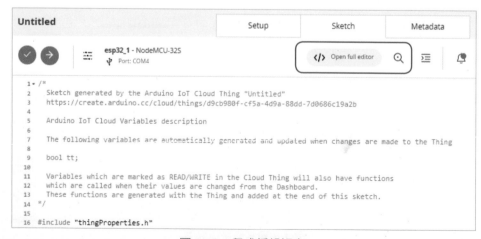

圖 1.10　程式編輯視窗

01 安裝 Arduino Create Agent：Help > Arduino Create Agent，點擊 Download
the agent 進行安裝，如圖 1.11。安裝完成，如圖 1.12，選擇裝置與埠號，
分別點擊 NodeMCU-32S、COM15（埠號可能不同），出現「✓」。

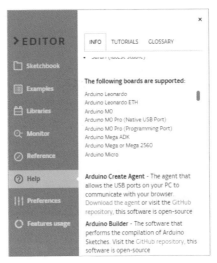

圖 1.11　安裝 Arduino Create Agent

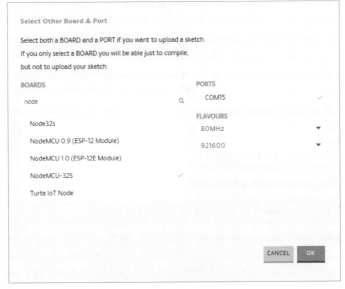

圖 1.12　選擇裝置與埠號

02 程式架構：Arduino IoT Cloud 在完成「物」設定會自動產生 4 個檔案

■ sketch：arduino 主程式

■ ReadMe.adoc：關於「物」相關資料

■ Secret：連結裝置後自動更新

　◆ SECRET_SSID：無線網路帳戶

　◆ SECRET_PASS：無線網路密碼

　◆ SECRET_DEVICE_KEY：IoT Cloud 指定的裝置連接雲端伺服器的密碼，
　　在設定裝置時會自動填入

　若未成功聯網，儀表板無法正常運作

■ thingProperties.h：DEVICE_LOGIN_NAME 為裝置 ID，以及 Secret 檔案的
SECRET_SSID、SECRET_PASS、SECRET_DEVICE_KEY

※ 只需修改 sketch。

03 修改程式：規劃在儀表板按下 Turn On，LED 會亮，再按 LED 暗，使用內建
LED，腳位為 GPIO2，增加以下陳述，其餘維持原貌。

■ 內含函式庫

　◆ thingProperties.h：此檔案由 Arduino IoT Cloud 產生，內容請勿更動

■ setup 部分

```
pinMode(2, OUTPUT);
```

　◆ initProperties：初始 Arduino IoT 屬性，此函式定義在 thingProperties.h

　◆ ArduinoCloud.begin：連結 Arduino IoT Cloud

　◆ setDebugMessageLevel：設定除錯訊息詳細程度

　◆ ArduinoCloud.printDebugInfo：顯示除錯訊息

■ onLedChange 部分：此為回呼函式，led 為先前在 Arduino IoT Cloud 建立的
布林變數，只要 led 值改變，即刻執行此函式

```
void onLedChange()  {
  if (led) {
    digitalWrite(2, HIGH);
  }
  else {
    digitalWrite(2, LOW);
  }
}
```

■ loop 部分

◆ ArduinoCloud.update：Arduino IoT Cloud 訊息更新

點擊圖 1.10 左側箭頭上傳程式，點擊紅框右邊圖塊打開串列監視器確認上傳、連線成功。成功上傳程式後，尚無法即時動作，因為內建 LED 必須在變數 led 改變情況下，才會執行 onLedChanged 的函式，這個需要操作儀表板來改變 led 的狀態。

儀表板編輯

01 建立儀表板（Build Dashboard）：點擊 Dashboards 頁籤 > CREATE。

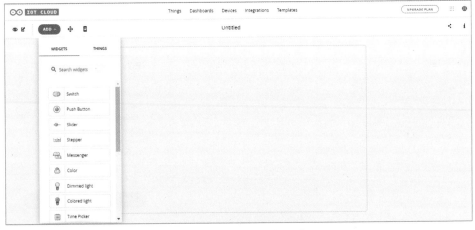

圖 1.13　儀表板編輯視窗

02 新增小部件：點擊「ADD」

■ 抓 Switch 放至版面，名稱 Turn On。

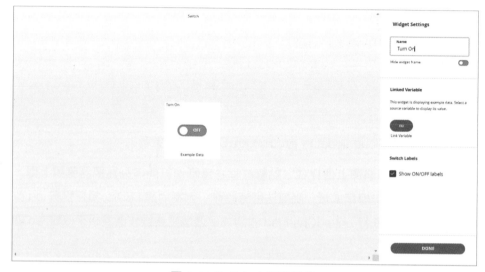

圖 1.14 Switch 小部件設定

■ 連結變數（Linked Variable）：點擊 Link Variable > ex1_1 > led > LINK VARIABLE，如圖 1.15，完成連結設定。

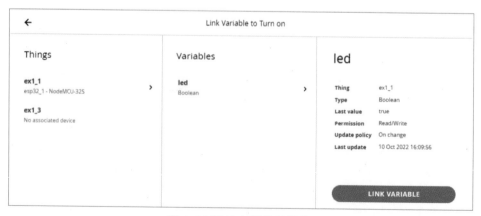

圖 1.15 連結小部件與變數

儀表板操作

利用電腦操作頁面，點擊 Dashboards 頁籤 > LED Control，即可開始操作，如圖 1.16，目前僅一個 Switch。

圖 1.16　使用者介面

例題 1.2

利用 Arduino IoT Cloud 建立以 ESP32 為控制核心的物聯網，設按壓開關，儀表板顯示按壓狀態。

電路布置

按壓開關接 GPIO19 腳位，另一側接 GND，電路如圖 1.17。

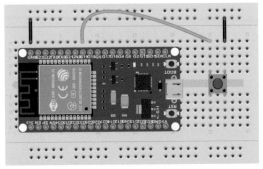

圖 1.17　按壓開關電路

範例程式

新增「物」ex1_2，連結例題 1.1 建立的裝置 esp32_1，先解除該裝置原連結「物」，再重新連結至新「物」，新增變數、修改程式、修改儀表板。

01 變數：設定布林變數 button，唯讀（Read Only），狀態值改變更新（On change），在 ESP32 按下按壓開關，改變 button 值，Arduino IoT Cloud 的 button 也隨之更新。

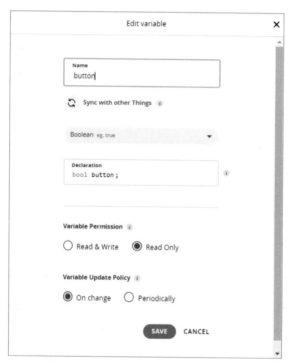

圖 1.18　變數 button 編輯

02 程式修改：ESP32 設按壓開關，儀表板顯示開關狀態，使用 GPIO19 為數位輸入腳位（#define button_pin 19）。

■ setup 部分：設定 GPIO19 腳位使用內部提升電阻

```
pinMode(button_pin, INPUT_PULLUP);
```

■ loop 部分：檢視 GPIO19 狀態，正常狀態為高準位，當按下按壓開關時為低
準位，button 設為目前狀態的反相，延遲 500ms

```
void loop() {
  ArduinoCloud.update();
  if (digitalRead(button_pin) == LOW) {
    button = !button;
    delay(500);
  }
}
```

儀表板編輯

建立 Status 小部件儀表板，名稱 Button Status，連結變數 button，Status Labels
選 On/Off。

圖 1.19　Status 小部件設定

📶 使用者介面

如圖 1.20，左邊 button 為 false，右邊為 true。

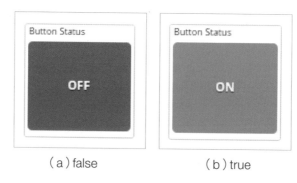

（a）false　　　　　　　（b）true

圖 1.20　使用者介面

例題 1.3

利用 Arduino IoT Cloud 建立以 ESP32 為控制核心的物聯網，ESP32 接可變電阻器，儀表板顯示電壓值。

📶 電路布置

可變電阻器接 3.3 V，另一側接 GND，電壓輸出腳位接 GPIO36（註：類比訊號輸入 ADC1 第 0 頻道），電路如圖 1.21。

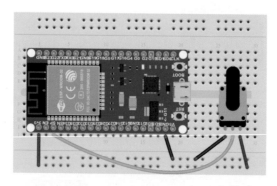

圖 1.21　可變電阻器電路

範例程式

新增「物」ex1_3，連結例題 1.1 建立的裝置 esp32_1，新增變數、修改程式、修改儀表板。

01 變數：設定浮點數變數 voltage，唯讀（Read Only）。

圖 1.22　變數 voltage

02 程式修改：ESP32 使用 GPIO36 為類比訊號輸入腳位（#define voltage_pin 36），解析度 12 位元。

■ loop 部分：讀取類比訊號，每一迴圈延遲 1000 ms

　　◆ analogRead（voltage_pin）：讀取類比訊號

◆ map（value, from_low, from_high, to_low, to_high）：將數值 value，從 [from _low, from_high] 映射至 [to_low, to_high]，轉換值為整數。本例是由 [0, 4095] 映射至 [0, 330]，除以 100 即可得電壓值，最大值為 3.3 V。

```
unsigned int readout = 0;
void loop() {
  ArduinoCloud.update();
  readout = analogRead(voltage_pin);
  voltage = (float) map(readout, 0, 4095, 0, 330)/100;
  delay(1000);
}
```

儀表板編輯

建立 Value 小部件儀表板，名稱 Voltage，連結「物」變數 voltage。

圖 1.23　Value 小部件設定

🛜 使用者介面

如圖 1.24，目前電壓值為 1.92 V。

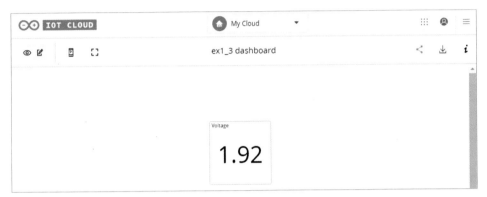

圖 1.24　使用者介面

1.2 IoT Remote APP

利用 IoT Remote 建立手機操作頁面，至 Google Play 下載 IoT Remote 安裝，登入 Arduino 官網，確定帳號、密碼，完成登入後，將出現之前在雲端伺服器所建立的儀表板，介面與電腦頁面相同，打開儀表板，即可操作。

1. 例題 1.1 儀表板如圖 1.25。

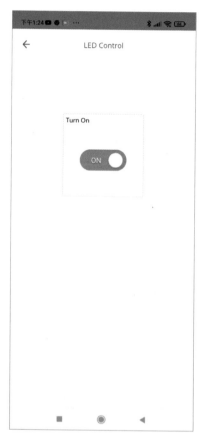

圖 1.25　手機 IoT Remote 使用者介面：例題 1.1

2.　例題 1.2 儀表板如圖 1.26。

圖 1.26　手機 Iot Remote 使用者介面：例題 1.2

3. 例題 1.3 儀表板如圖 1.27。

圖 1.27　手機 IoT Remote 使用者介面：例題 1.3

1.3 建立 Node-RED 控制網頁

利用 Node-RED 流程控制物聯網，連結 Arduino IoT Cloud 結點，須具備 Arduino IoT Cloud 提供的 API Key，此選項須付費，可選按月付 6.99 美元。有關 Node-RED 安裝與使用，請參閱附錄 B。

1. 執行命令提示字元 > node-red，打開 Google Chrome 瀏覽器，網址：127. 0.0.1:1880，至結點管理安裝 Arduino IoT Cloud 結點，安裝完成後，結點區 顯示 Arduino IoT Cloud 結點如圖 1.28。

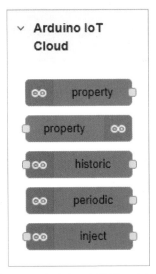

圖 1.28　Arduino IoT Cloud 結點

2. **API key**：回到 Arduino IoT Cloud，點擊 Integrations 頁籤，引導至首頁， 如圖 1.29，點擊 INTEGRATIONS > API keys > CREATE API KEY 產生 API key，如圖 1.30 有 3 組 API KEY，請下載用戶 ID 與密碼 pdf 檔案，這些資訊 用在 Node-RED Arduino IoT Cloud 結點的設定。

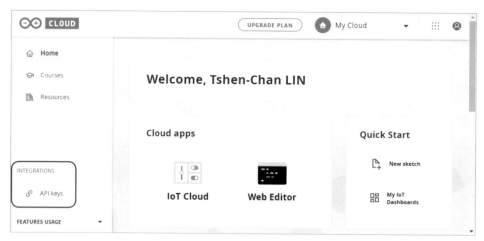

圖 1.29　Integrations API key

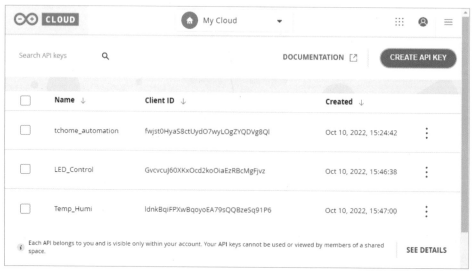

圖 1.30　產生 API KEY

例題 **1.4**

ESP32 裝設 DHT11 溫濕度感測器，利用 Arduino IoT Cloud 建立物聯網，以智慧型手機儀表板、Node-RED 流程顯示溫度與濕度值。

📶 範例程式

建立「物」ex1_4，新增 2 個唯讀浮點數變數：temp、humi，如圖 1.31、1.32，使用例題 1.1 所建立的裝置 esp32_1。

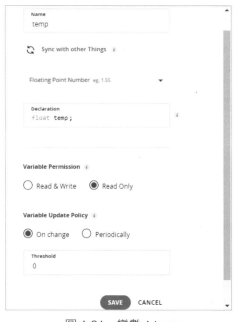

圖 1.31　變數：temp

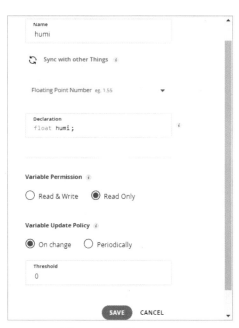

圖 1.32　變數：humi

🛜 ESP32 程式

至 Web Editor > Library 下載 DHT 函式庫，如圖 1.33。本例程式係根據 Web Editor > Examples > FROM LIBRARIES > DHT SERSOR LIBRARY > DHTtester. ino，配合 Arduino IoT Cloud 所產生的程式，修改而成。DHT11 感測器使用說明，請參考 https://learn.adafruit.com/dht/overview。

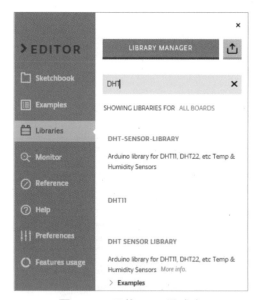

圖 1.33　下載 DHT 函式庫

01 內含函式庫

■ thingProperties.h

■ DHT.h：DHT 溫濕度感測模組

02 DHT11 設定

■ 使用 GPIO17 腳位連接訊號線（#define DHTPIN 17）

■ 使用 DHT11 感測模組（#define DHTTYPE DHT11）

■ DHT dht（DHTPIN, DHTTYPE）：建立 DHT 物件

03 setup 部分

▨ dht.begin：啟動 DHT11

04 loop 部分：每 2s 讀取一筆溫濕度值

▨ dht.readHumidity：取得濕度值

▨ dht.readTemperature：讀取溫度值

```
#include "thingProperties.h"
#include <DHT.h>
#define DHTPIN 17
#define DHTTYPE    DHT11
DHT dht(DHTPIN, DHTTYPE);

void setup() {
  Serial.begin(9600);
  delay(1500);
  dht.begin();
  initProperties();
  ArduinoCloud.begin(ArduinoIoTPreferredConnection);
  setDebugMessageLevel(2);
  ArduinoCloud.printDebugInfo();
}

void loop() {
  ArduinoCloud.update();
  delay(2000);
  humi = dht.readHumidity();
  temp = dht.readTemperature();
  if (isnan(humi) || isnan(temp) ) {
    Serial.println(F("Failed to read from DHT sensor!"));
    return;
  }
}
```

📶 儀表板編輯

抓 2 個指針式儀表。

01 溫度值：名稱 Temp，連結變數 temp，分布範圍 10 ～ 45，如圖 1.34。

圖 1.34　指針式儀表設定：Temp

02 濕度值：名稱 Humi，連結變數 humi，分布範圍 0 ～ 100，如圖 1.35。

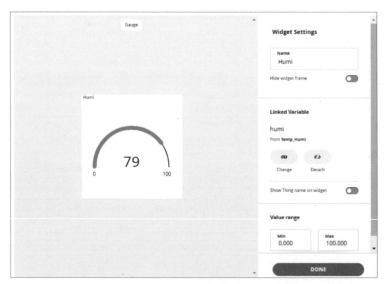

圖 1.35　指針式儀表設定：Humi

03 IoT CLOUD 儀表板。

圖 1.36　儀表板

🛜 智慧型手機使用者介面

如圖 1.37，顯示溫度 28.6℃，濕度 49%。

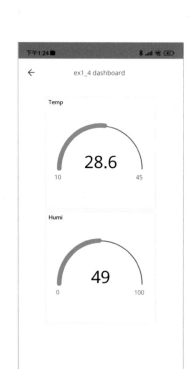

圖 1.37　手機使用者介面

📶 Node-RED 流程

先進入 Arduino IoT Cloud 建立 API Key，名稱為 Temp_Humi，如圖 1.30。

執行命令提示字元 > node-red，打開瀏覽器，網址為 127.0.0.1:1880。

01 流程規劃：2 個 Arduino IoT Cloud property、2 個 gauge 結點，如圖 1.38。

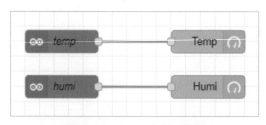

圖 1.38　Node-RED 流程

02 結點說明

■ Arduino IoT Cloud property

◆ 複製 Arduino IoT Cloud 產生的 API Key，貼至 Client ID、Client secret

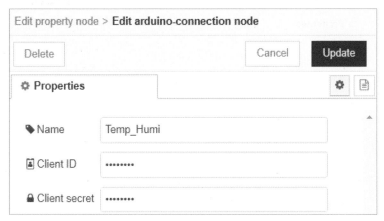

圖 1.39　arduino-connection 結點編輯

◆ 連結 ex1_4 變數 temp

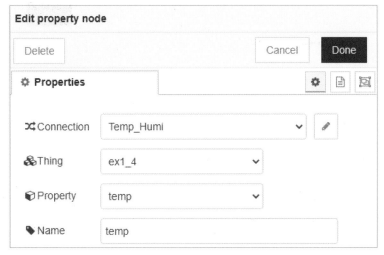

圖 1.40　property 結點編輯：temp

◆ 連結 ex1_4 變數 humi

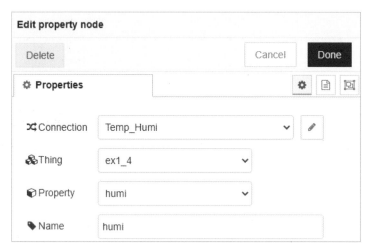

圖 1.41　property 結點編輯：humi

■ gauge：顯示溫度值，如圖 1.42，分布範圍 10 ～ 45。

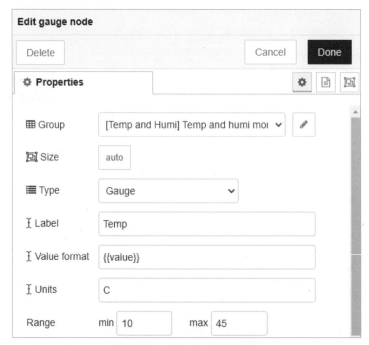

圖 1.42　gauge 結點編輯

03 使用者介面：溫度 29℃，濕度 81%。

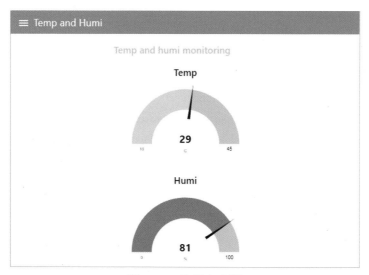

圖 1.43　使用者介面

例題 1.5

續例題 1.1，以 Node-RED 流程控制 LED。

🛜 **Node-RED 流程**

01 流程規劃：1 個 switch、1 個 Arduino IoT Cloud property 結點，如圖 1.44。

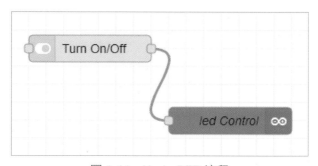

圖 1.44　Node-RED 流程

02 結點說明

■ Arduino IoT Cloud property：名稱 led Control，設定連結至 LED_Control API，複製前面得到的用戶 ID 與密碼，黏貼至 Client ID 與 Client secret 欄位，如圖 1.45，「物」名稱 ex1_1，屬性 led，即 Arduino IoT 的變數，如圖 1.46

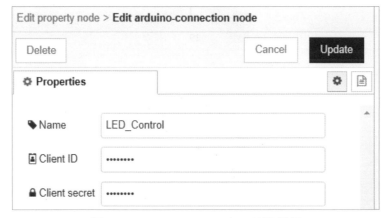

圖 1.45　arduino-connection 結點編輯

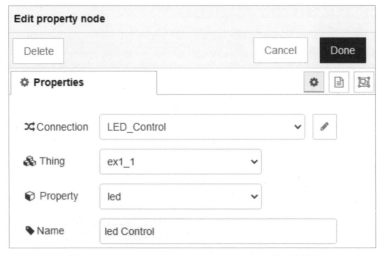

圖 1.46　Arduino IoT Cloud property 結點編輯

■ switch：名稱為 Turn On/Off，如圖 1.47，按下 switch 輸出 true，再按輸出
false

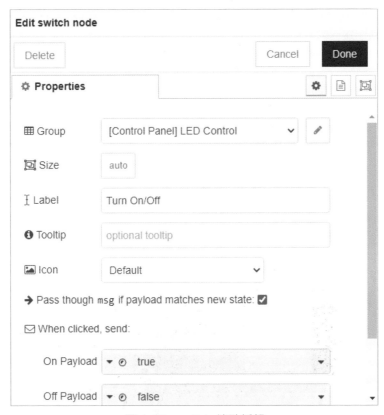

圖 1.47　switch 結點編輯

03 使用者介面：如圖 1.48，switch 目前 On，ESP32 內建 LED 亮。

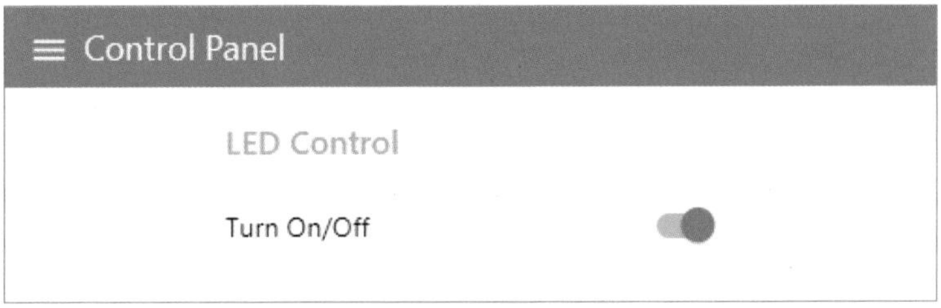

圖 1.48　使用者介面

1.1 ESP32 設 3 個 LED，分別接 330Ω 電阻，利用 Arduino IoT Cloud 建立物聯網，以手機控制 LED。

1.2 ESP32 設 2 個按壓開關，利用 Arduino IoT Cloud 建立物聯網，以手機監視按壓開關作動情形。

1.3 重做習題 1.1，改由 Node-RED 流程控制。

1.4 ESP32 設光敏電阻器，與 100kΩ 串接，電路如圖 1.49，光敏電阻器隨光強度變化電阻值，接點輸出電壓訊號至 GPIO36（ADC1 第 0 頻道），利用 Arduino IoT Cloud 建立物聯網讀取電壓值，以 Node-RED 流程顯示電壓值、光敏電阻值。

註：輸出電壓值 $= \dfrac{光敏電阻值}{（光敏電阻值 +100 \ k\Omega）} 3.3V$

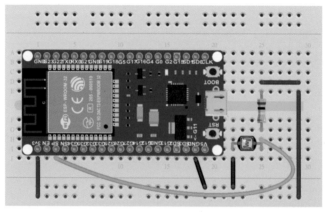

圖 1.49　光敏電阻電路

02

Chapter

Cloud 2：
Blynk

第 2 朵雲 Blynk，Blynk 是開發 IoT 平台（Blynk IoT platform for businesses and developers），提供雲端伺服器服務，官網 https://blynk.io/。Blynk 與 Arduino IoT Cloud 功能相近，使用方式相當簡單。

2.1　Blynk

1.　申請、登入 Blynk 帳戶。

2.　裝置設定

(1) 首先開「新模板」（New Template）：點擊圖 2.1 左側選單紅框，點擊「+ New Template」。

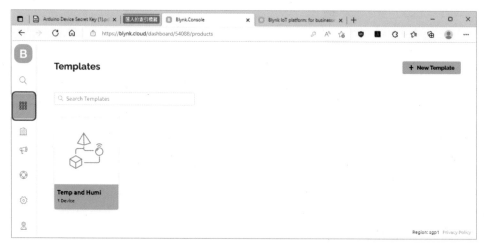

圖 2.1　模板頁面

> NAME：本例名稱為 IoT template

> HARDWARE：ESP32

> CONNECTION TYPE：WiFi

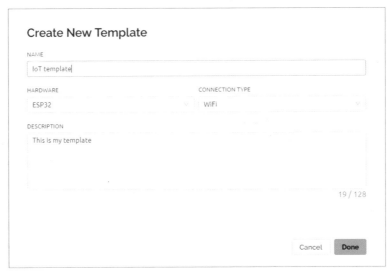

圖 2.2　新模板設定

系統產生模板 ID 與裝置名稱，如圖 2.3 紅框所列。這些資訊必須列入裝置的程式裡。

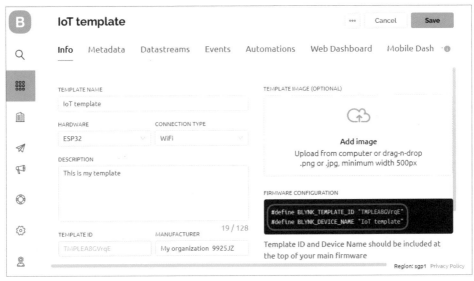

圖 2.3　IoT template 模板

(2) 新增裝置：新增裝置（New Devices）供 ESP32 連接，點擊圖 2.4「+ New Device」。採用設定好的模板，點擊 From template，如圖 2.5，模板名稱 IoT template。本例裝置名稱 esp32 1。免費帳戶可使用 2 個裝置。

圖 2.4　新增裝置

圖 2.5　新增裝置方式

(3) 完成裝置設定，系統自動產生授權杖（authentication token）如圖 2.6 紅框，將這些資料複製剪貼簿，屆時黏貼到 Arduino 程式。

圖 2.6　Blynk 授權仗

3. 網頁儀表板（Web Dashboard）

點擊 IoT template 模板 > Web Dashboard 頁籤 > Edit，開始編輯儀表板。

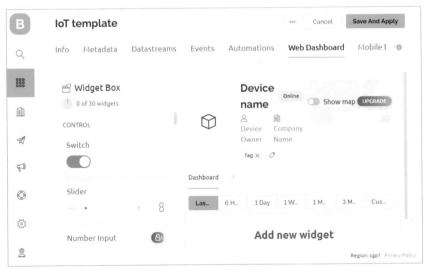

圖 2.7　儀表板編輯視窗

其中，可以免費使用的小部件

- Slider：滑桿
- Switch：開關
- Label：標籤
- Gauge：指針式儀表
- LED：LED 顯示器
- Chart：圖表

取得裝置權杖與完成儀表板設計，只要撰寫好程式上傳至 ESP32 後，即完成物聯網的建立。

例題 2.1

利用 Blynk Switch 小部件控制 ESP32 GPIO2 腳位（內建 LED）。

📶 範例程式

使用已建置完成的裝置 esp32 1。

📶 儀表板編輯

至 Web Dashboard 編輯儀表板，抓 1 個 Switch 小部件，如圖 2.8，小部件設定如圖 2.9，Datastream 設 LED（V0），連結虛擬腳位 V0，V0 會用在 Arduino 程式，完成編輯點擊「Save And Apply」。

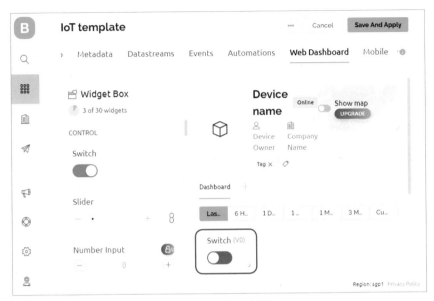

圖 2.8　儀表板編輯

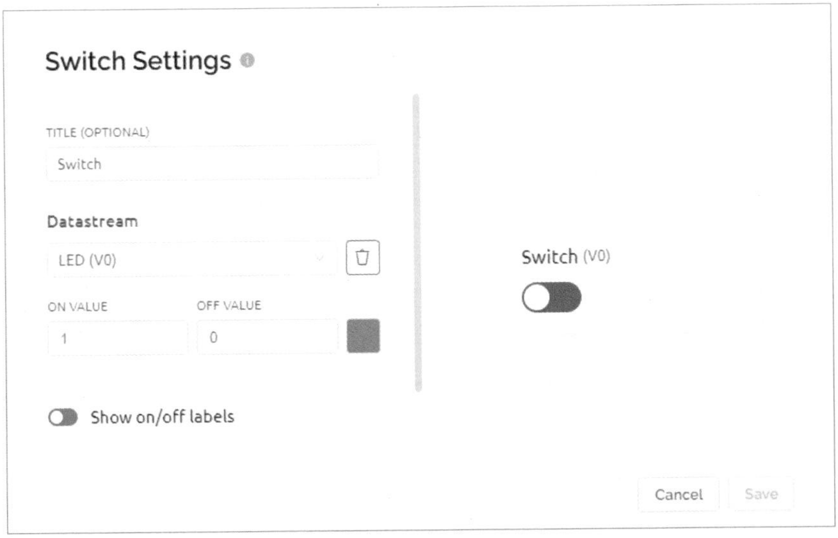

Switch Settings ⓘ

TITLE (OPTIONAL)

Switch

Datastream

LED (V0)

ON VALUE   OFF VALUE

1   0

Show on/off labels

Switch (V0)

Cancel   Save

圖 2.9　Switch 小部件設定

📶 ESP32 程式

本裝置程式根據範例 Blynk > Boards_WiFi > ESP32_WiFi.ino 以及 Blynk > Getting Started > GetData 修改而成。請至 https://github.com/blynkkk/blynk-library 下載、安裝 Blynk 相關函式庫與範例。

01 複製模板 ID（BLYNK_TEMPLATE_ID）、裝置名稱（BLYNK_DEVICE_NAME）、授權權杖（BLYNK_DEVICE_NAME），黏貼在程式首 3 行。修改 WiFi 的 SSID 與密碼。

02 內含函式庫

- WiFi.h：無線網路

- WiFiClient.h：無線網路用戶

- BlynkSimpleEsp32.h：Blynk 相關函式

03 BLYNK_WRITE（V0）：當虛擬腳位 V0 值更動時執行此函式

- param.asInt()：取得 V0 值，0 或 1

- 當 V0 等於 1 時，內建 LED 亮，等於 0 時，暗

04 setup 部分

- Blynk.begin（auth, ssid, pass）：連接 Blynk 雲端伺服器

- 設定 GPIO2 腳位數位輸出

05 loop 部分

- Blynk.run：執行 Blynk

```
#define BLYNK_TEMPLATE_ID    ur_template_ID
#define BLYNK_DEVICE_NAME    ur_device_name
#define BLYNK_AUTH_TOKEN     ur_auth_token
#include <WiFi.h>
#include <WiFiClient.h>
#include <BlynkSimpleEsp32.h>
#define switch_pin 2
```

```
char auth[] = BLYNK_AUTH_TOKEN;
char ssid[] = ur_ssid;
char pass[] = ur_password;

BLYNK_WRITE(V0) {
  int pinValue = param.asInt();
  Serial.print("V0 value is: ");
  Serial.println(pinValue);
  if ( pinValue == 1) {
    digitalWrite(switch_pin, HIGH);
  } else if ( pinValue == 0) {
    digitalWrite(switch_pin, LOW);
  }
}
void setup() {
  Serial.begin(115200);
  Blynk.begin(auth, ssid, pass);
  pinMode(switch_pin, OUTPUT);
  digitalWrite(switch_pin, LOW);
}
void loop() {
  Blynk.run();
}
```

🛜 使用者介面

如圖 2.10，按下 Switch，內建 LED 亮。

圖 2.10　使用者介面

例題 2.2

ESP32 設一按壓開關，利用 Blynk 兩個 LED，ON 與 OFF 亮暗監看按壓開關作動情形。

🛜 電路布置

按壓開關與例題 1.2 相同。

🛜 範例程式

使用與例題 2.1 相同裝置 esp32 1。

🛜 儀表板編輯

至 Web Dashboard 編輯儀表板，抓 2 個 LED 小部件，如圖 2.11，完成編輯點擊「Save And Apply」。有關 LED 小部件請參考 https://docs.blynk.io/en/blynk.console/widgets-console/led。

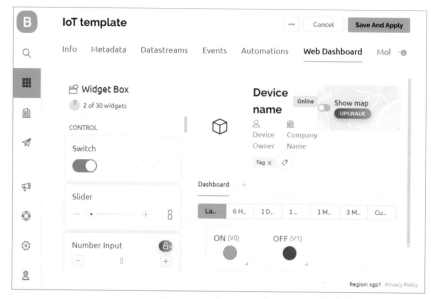

圖 2.11　儀表板編輯

其中 LED ON 如圖 2.12，Datastream 設 LED（V0），使用虛擬腳位 V0，綠色；
LED OFF，Datastream 設 LED（V1），虛擬腳位 V1，紅色。

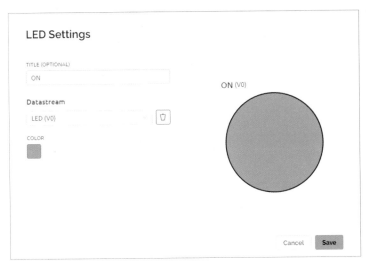

圖 2.12　LED 小部件設定

📶 ESP32 程式

根據範例 Blynk > Boards_WiFi > ESP32_WiFi.ino、Blynk > Widgets > LED >
LED_Blink 修改而成。

01 複製模板 ID（BLYNK_TEMPLATE_ID）、裝置名稱（BLYNK_DEVICE_NAME）、
授權權杖（BLYNK_DEVICE_NAME），黏貼在程式首 3 行。修改 WiFi 的
SSID 與密碼。

02 建立 WidgetLED 物件

■ WidgetLED led1（V0）：連結虛擬腳位 V0

■ WidgerLED led2（V1）：連結虛擬腳位 V1

03 內含函式庫

■ WiFi.h：無線網路

■ WiFiClient.h：無線網路用戶

- BlynkSimpleEsp32.h：Blynk 相關函式

04 setup 部分

- Blynk.begin（auth, ssid, pass）：連接 Blynk 雲端伺服器

- 設定 GPIO19 腳位，使用內部提升電阻

- led1.off()、led2.off()：設定儀表板 2 個 LED 均為背景色

05 loop 部分

- Blynk.run：執行 Blynk

- 偵測 GPIO19 準位，利用 button_status 記錄按壓開關作動情形，變化 LED

- led1.on()、led2.on()：ON 為綠色，OFF 為紅色

```
#define BLYNK_TEMPLATE_ID   ur_template_ID
#define BLYNK_DEVICE_NAME   ur_device_name
#define BLYNK_AUTH_TOKEN    ur_auth_token
#include <WiFi.h>
#include <WiFiClient.h>
#include <BlynkSimpleEsp32.h>
#define button_pin 19
char auth[] = BLYNK_AUTH_TOKEN;
char ssid[] =  ur_ssid;
char pass[] =  ur_password;

WidgetLED led1(V0);
WidgetLED led2(V1);

void setup() {
  Serial.begin(9600);
  Blynk.begin(auth, ssid, pass);
  pinMode(button_pin, INPUT_PULLUP);
  led1.off();
  led2.off();
}

bool button_status = false;
void loop() {
  Blynk.run();
```

```
  if (digitalRead(button_pin) == LOW) {
    if (button_status) {
      led1.on();
      led2.off();
      Serial.println("LED1 is on");
    } else {
      led1.off();
      led2.on();
      Serial.println("LED1 is off");
    }
    button_status = !button_status;
    delay(500);
  }
}
```

※ 完成程式撰寫後，編譯、上傳至 ESP32，物聯網開始運作。

📶 使用者介面

點選 esp32 1 裝置，開始 2 個 LED 均暗（背景顏色），按下按壓開關 ON（綠色
LED）亮，如圖 2.13，再按 OFF（紅色 LED）亮。

圖 2.13　使用者介面

例題 2.3

ESP32 設 DHT11 溫濕度感測器,利用 Blynk 兩個 Gauge 顯示溫濕度值。

範例程式

依據前面所提步驟新增模板與裝置 Temp and Humi。

儀表板編輯

至 Web Dashboard 編輯儀表板,抓 2 個指針式儀表 Gauge,分別為 Temp、
Humi。

01 指針式儀表 Temp:使用虛擬輸入腳位 V0,整數資料型態,單位 Celsius
（℃）,分布範圍 0 ～ 100。

圖 2.14　指針式儀表設定:Temp

02 指針式儀表 Humi：使用虛擬輸入腳位 V1，整數資料型態，單位 Percentge（%），分布範圍 0 ～ 100。

圖 2.15　指針式儀表設定：Humi

📶 ESP32 程式

根據範例 Blynk > Boards_WiFi > ESP32_WiFi.ino、Blynk > More > DHT11.ino 修改而成。

01 複製模板 ID、裝置名稱、授權權杖，黏貼在程式首 3 行。

02 內含函式庫

- DHT.h：DHT 溫濕度感測模組
- WiFi.h：無線網路

■ WiFiClient.h：無線網路用戶

■ BlynkSimpleEsp32.h：Blynk 相關函式

03 溫濕度感測模組設定

■ 使用 GPIO17 腳位連接訊號線（#define DHTPIN 17）

■ 使用 DHT11 感測模組（#define DHTTYPE DHT11）

■ DHT dht（DHTPIN, DHTTYPE）：建立 DHT 物件

04 setup 部分

■ Blynk.begin（auth, ssid, pass）：連接 Blynk 雲端伺服器

■ timer.setInterval（1000L, sendSensor）：每間隔 1s 執行回呼函式 sendSensor 一次

■ dht.begin：啟動 DHT 溫濕度感測模組

05 回呼函式 sendSensor 將量測值寫入虛擬腳位

■ dht.readHumidity()：讀取溫度值

■ dht.readTemperature()：讀取濕度值

■ Blynk.virtualWrite（V0, t）：溫度值 t 寫入 V0

■ Blynk.virtualWrite（V1, h）：濕度值 h 寫入 V1

06 loop 部分

■ Blynk.run()：執行 Blynk

■ timer.run()：啟動計時器

※ 完成程式撰寫後，編譯、上傳至 ESP32，物聯網開始運作。

```
#define BLYNK_TEMPLATE_ID    ur_ template_ID
#define BLYNK_DEVICE_NAME    ur_device_name
#define BLYNK_AUTH_TOKEN     ur_auth_token
#define BLYNK_PRINT Serial
#include <DHT.h>
#include <WiFi.h>
#include <WiFiClient.h>
#include <BlynkSimpleEsp32.h>
#define DHTPIN 17
#define DHTTYPE DHT11
char auth[] = BLYNK_AUTH_TOKEN;
char ssid[] = ur_ssid;
char pass[] = ur_password;

DHT dht(DHTPIN, DHTTYPE);
BlynkTimer timer;

void sendSensor() {
  float h = dht.readHumidity();
  float t = dht.readTemperature();
  if (isnan(h) || isnan(t)) {
    Serial.println("Failed to read from DHT sensor!");
    return;
  }
  Blynk.virtualWrite(V1, h);
  Blynk.virtualWrite(V0, t);
}
void setup() {
  Serial.begin(115200);
  Blynk.begin(auth, ssid, pass);
  timer.setInterval(1000L, sendSensor);
  dht.begin();
}
void loop() {
  Blynk.run();
  timer.run();
}
```

🛜 使用者介面

點擊 Device 的 Temp and Humi、Dashboard 頁籤，溫度、濕度值顯示在指針儀表，如圖 2.16。

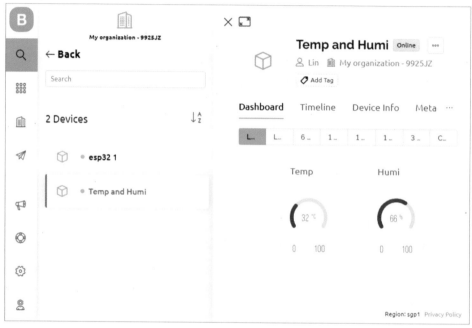

圖 2.16　使用者介面

2.2 Blynk IoT APP

利用 Blynk IoT 編輯智慧型手機儀表板（Mobile Dashboard），使用手機連上物聯網讀取溫濕度值。

1. 至 Google Play 下載安裝，登入 Blynk 帳戶，可以看到先前已完成的 Temp and Humi 物聯網，點擊進入編輯。

圖 2.17　安裝 Blynk IoT App

圖 2.18　連結物聯網 Temp and Humi

2. 儀表板編輯：抓 2 個指針式儀表小部件，溫度 Temp 與濕度 Humi。

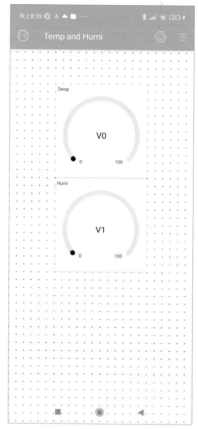

圖 2.19　Blynk IoT 儀表板編輯視窗

3. 指針式溫度儀表：名稱 Temp，DATASTREAM 選 temp，虛擬腳位為 V0。
    FONT SIZE 選固定或自動調整字體大小，DESIGN TEXT 選字體顏色。

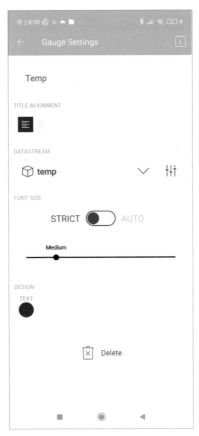

圖 2.20　指針式儀表設定：Temp

4. 指針式濕度儀表：名稱 Humi，DATASTREAM 選 humi，虛擬腳位為 V1。

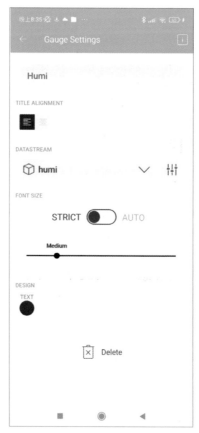

圖 2.21　指針式儀表設定：Humi

5. 完成儀表板設定後，呈現使用者介面，可以即時顯示物聯網上傳的溫濕度值。

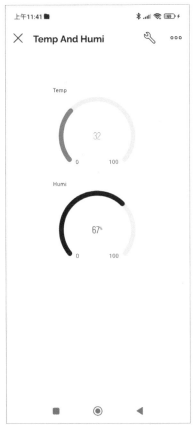

圖 2.22　使用者介面

2.1 利用 Blynk 儀表板設 3 個 Switch，控制 ESP32 的 3 個 LED。

2.2 ESP32 設可變電阻器，調整電阻值，將輸出電壓值顯示在 Blynk 儀表板。

Chapter

Cloud 3：
ThingSpeak

第 3 朵雲 ThingSpeak，以 ESP32 搭配感測器組成物聯網，將資料上傳至 ThingSpeak 雲端伺服器。利用 ThingSpeak 提供的 MQTT 與 REST API，以 MQTT 發布、訂閱訊息的通訊方式或 HTTP 的 GET、POST 方法存取頻道資料。同時，在電腦端藉 Node-RED 流程的 MQTT 結點訂閱、發布訊息以監控物聯網。MQTT 是物聯網或機器之間使用的通訊協定，由 3 種角色組成：

- 發布者（publisher）：發布訊息至伺服器

- 訂閱者（subscriber）：向伺服器訂閱訊息

- 伺服器（broker）：轉傳訊息

訊息內容包含主題（topic）、負載（payload），例如：主題為 "room1/temp"，負載為 "28.5"。

3.1 ThingSpeak

ThingSpeak 是 IoT 分析服務平台，可作為網路運算、儲存空間、資料讀寫等用途；它有提供限額的免費服務。ThingSpeak 也提供 MQTT 伺服器，可以利用物聯網發布或訂閱相關主題。除作為 MQTT 伺服器外，還可以分析、顯示所發布的資料，或根據設定傳遞警訊。利用雲端伺服器進行 MQTT 訊息傳遞，最主要的優點是不需自行管理維護 MQTT 伺服器，而能使物聯網具備在網際網路運行的基本條件。

ThingSpeak 網址：https://thingspeak.com/，讀者可以電子信箱申請帳號，完成申請，ThingSpeak 將提供 4 個頻道、3 百萬個訊息的免費使用額度，訊息更新間隔至少 15s。雖然資源有限，但是足夠用來學習如何運用雲端伺服器執行 MQTT 訊息傳遞，讀者在未來的應用裡可評估實際需求，以付費方式使用更多的頻道與訊息傳遞量。

1. 申請、登入 **ThingSpeak** 帳戶：My Account 顯示使用狀況，如圖 3.1。

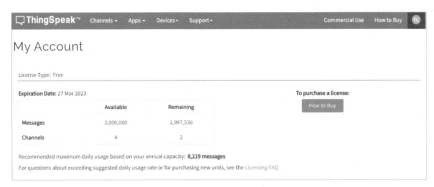

圖 3.1　ThingSpeak My Account 頁面

2. 新增頻道（**New Channel**）：點擊 Channels 頁籤，新增頻道，名稱 Temp and Humi，2 個欄位分別為 temp、humi，設定完成、儲存頻道。

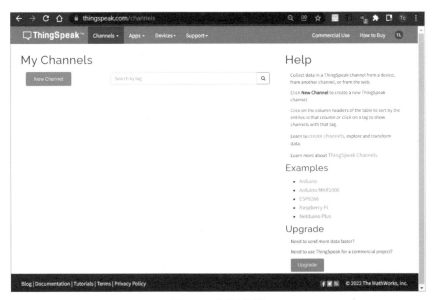

圖 3.2　新增頻道

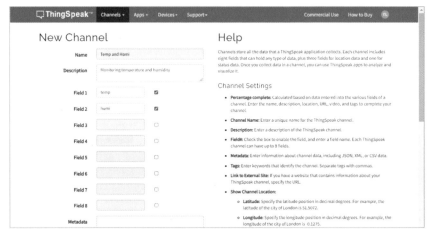

圖 3.3　設定頻道欄位

3. 檢視頻道：Temp and Humi 頻道 > Private View 頁籤，顯示目前頻道狀態，如圖 3.4，圖表橫座標為時間軸，縱座標為溫度值、濕度值，頁面左上角顯示 Channel ID 等於 1765924。若有發布訊息，點擊 ThingSpeak 網頁 Private View，可以看到數值更新狀態。

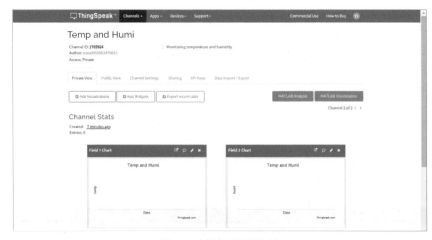

圖 3.4　檢視頻道資料

3.2 MQTT API

1. 設定 **MQTT** 裝置：點擊 Devices 頁籤 > Add a new device，新增 MQTT 裝置，如圖 3.5。

   ◆ Device information：輸入名稱，簡單描述裝置用途

   ◆ Authorize channels to access：設定可使用頻道，本例使用前面建立的 Temp and Humi 頻道

   點擊 Add Channel > Add Device，完成 MQTT 裝置設定後，系統產生 Client ID、Username、Password，下載儲存備用，如圖 3.6。

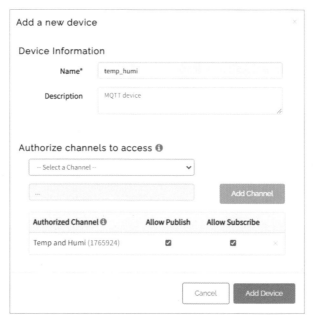

圖 3.5　新增 MQTT 裝置

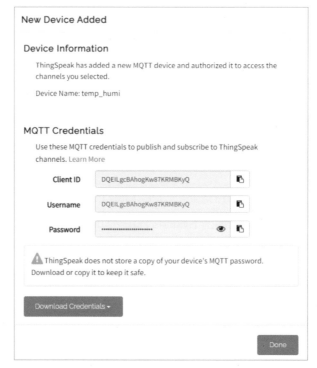

圖 3.6　使用 MQTT 裝置所需 ClientID、Username、Password

2. 發布與訂閱主題：在 ESP32 程式與 Node-RED 流程均需主題資訊。

(1) 發布主題：格式為 "channels/1765924/publish"，其中 1765924 為頻道 ID。

(2) 訂閱主題："channels/1765924/subscribe/fields/+"，其中「+」表示訂閱 fields 以下各欄位，例如：temp、humi。

3. 取得另一組 **MQTT 用戶端 ID**：這個步驟非常重要，由於 ESP32 使用 MQTT 發布溫濕度值，已使用一組用戶端 ID，每一個裝置的 MQTT 用戶端 ID 需唯一，不可以重複。我們利用電腦建立 Node-RED 流程，使用 MQTT 結點需要另一個用戶端 ID，因此須要在 ThingSpeak 伺服器端再新增 MQTT 裝置，這裝置對應與 ESP32 發布主題所使用的相同頻道、欄位。新增的 MQTT 裝置後，請下載它的 Client ID、User name、password 檔案。圖示為 2 組 MQTT 裝置，分別為 temp_humi、esp32。註：若 MQTT 結點使用與 ESP32 相同的用戶端 ID，將無法連上 ThingSpeak MQTT 伺服器。

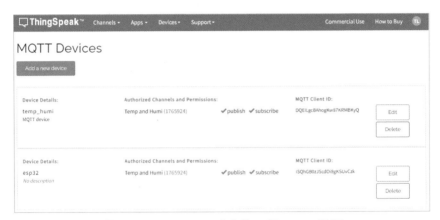

圖 3.7　ThingSpeak 建立的 2 個 MQTT 裝置

例題 3.1

利用 ESP32、DHT11 溫濕度感測模組量測溫濕度，將數值以 MQTT API 方式發布至 ThingSpeak 雲端伺服器頻道。

📶 電路布置

GPIO17 連接 DHT11 訊號線，進行溫濕度量測。

📶 範例程式

資料以 MQTT 通訊發布至 ThingSpeak 雲端伺服器，同時訂閱溫濕度資料，將接收到資料顯示在串列埠監視器。程式根據範例與相關資料修改而成：

■ 溫濕度量測部分：https://github.com/adafruit/DHT-sensor-library/blob/master/examples/DHTtester/DHTtester.ino

■ MQTT 通訊部分：https://randomnerdtutorials.com/esp32-mqtt-publish-subscribe-arduino-ide/

01 內含函式庫

- WiFi.h：無線網路

- PubSubClient.h：MQTT 用戶端模組

- DHT.h：DHT11 溫濕度感測模組

02 建立物件

- WiFiClient espClient：建立 WiFiClient 物件

- PubSubClient mqtt_client（espClient）：建立 PubSubClient 物件

- DHT dht（DHTPIN, DHTTYPE）：建立 DHT 物件

03 initWiFi 函式

- WiFi.mode（WIFI_STA）：設定網路模式

- WiFi.begin（ssid, password）：無線連網

04 setup 部分

- 呼叫 initWiFi 連接無線網路

- mqtt_client.setServer（mqtt_server, 1883）：設定 MQTT 伺服器，MQTT 伺服器網址為 "mqtt3.thingspeak.com"，埠號為 1883

- mqtt_client.setCallback：設定 MQTT 回呼函式

- dht.begin：啟動 DHT 溫濕度感測模組

05 回呼函式 callback：3 個引數，分別為主題、負載、負載長度，將收到訊息的主題與內容顯示在串列監視器。

06 reconnect 函式：以 mqtt_client.connect 連接 MQTT 伺服器，需提供用戶者 ID（client_ID）、用戶者名稱（mqtt_user）、MQTT 密碼（mqtt_password），這些資料在 ThingSpeak 建立 MQTT 裝置時取得。

07 loop：每 15s 執行迴圈 1 次

- 確認連結 ThingSpeak 伺服器，若未連上，呼叫 reconnect 函式

- ▣ mqtt_client.loop：執行 MQTT 迴圈
- ▣ 讀取溫濕度值
    - ◆ dht.readTemperature：讀取溫度值
    - ◆ dht.readHumidity：讀取濕度值
- ▣ 利用 sprintf 將溫濕度值轉為字串，格式為 %5.1f，取小數點 1 位數
- ▣ 組成 payload 字串：2 個欄位值更新，例如：field1=33.5，field2=65.4，字串為 "field1=33.5&field2=65.4&status=MQTTPUBLISH"
- ▣ mqtt_client.publish：發布 "channels/1765924/publish" 主題
- ▣ c_str：將 String 物件轉為字串

※ 完成程式撰寫後，編譯、上傳至 ESP32，物聯網開始運作，將量測到的溫濕度值發布至 ThingSpeak 伺服器。

```
#include <WiFi.h>
#include <PubSubClient.h>
#include <DHT.h>

#define DHTPIN 17
#define DHTTYPE DHT11
const char* ssid = ur_ssid;
const char* password = ur_password;
const char* mqtt_server = "mqtt3.thingspeak.com";
const char* mqtt_user = "ISQhGB0zJScdOi8gKSUvCzk";
const char* client_ID = "ISQhGB0zJScdOi8gKSUvCzk";
const char* mqtt_password = ur_mqtt_password;
const char* topic_pub = "channels/1765924/publish";
const char* topic_sub = "channels/1765924/subscribe/fields/+";
String msg1 = "field1=";
String msg2 = "&field2=";
String msg_tail = "&status=MQTTPUBLISH";
int readout_len = 5;
const char* data_format = "%5.1f";
```

```cpp
const unsigned long lastingInterval = 15L * 1000L;
unsigned long lastConnectTime = 0L;

WiFiClient espClient;
PubSubClient mqtt_client(espClient);

DHT dht(DHTPIN, DHTTYPE);
void setup() {
  Serial.begin(115200);
  WiFi.mode(WIFI_STA);
  WiFi.disconnect();
  delay(100);
  initWiFi();
  mqtt_client.setServer(mqtt_server, 1883);
  mqtt_client.setCallback(callback);
  dht.begin();
}
void initWiFi() {
  WiFi.mode(WIFI_STA);
  WiFi.begin(ssid, password);
  Serial.print("Connecting to WiFi ..");
  while (WiFi.status() != WL_CONNECTED) {
    Serial.print('.');
    delay(1000);
  }
  Serial.println(WiFi.localIP());
}
void callback(char* topic, byte* payload, unsigned int length) {
  Serial.print("Message arrived: ");
  Serial.println(topic);
  for (int i=0; i < readout_len; i++) {
    Serial.print((char) payload[i]);
  }
  Serial.println();
}
void reconnect() {
  while (!mqtt_client.connected()) {
```

```
    if (mqtt_client.connect(client_ID, mqtt_user, mqtt_password)) {
      Serial.println("connected");
      mqtt_client.subscribe(topic_sub);
    } else {
      Serial.println("Try again in 5 seconds");
      delay(5000);
    }
  }
}
void loop() {
  if (!mqtt_client.connected()) {
    reconnect();
  }
  mqtt_client.loop();
  if (millis() - lastConnectTime > lastingInterval) {
    float humi = dht.readHumidity();
    float temp = dht.readTemperature();
    char msg3[readout_len];
    char msg4[readout_len];
    if (isnan(humi) || isnan(temp)) {
      Serial.println(F("Failed to read from DHT sensor!"));
      return;
    }
    sprintf(msg3, data_format, temp);
    sprintf(msg4, data_format, humi);
    mqtt_client.publish(topic_pub, (msg1 + String(msg3) + msg2 +
String(msg4) + msg_tail).c_str());
    lastConnectTime = millis();
  }
}
```

登入 ThingSpeak，點擊 Channels > My Channels，確定頻道，點擊 Private，顯示 Field1、Field2 值，如圖 3.8。

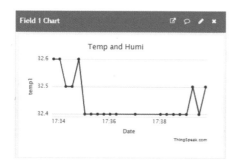 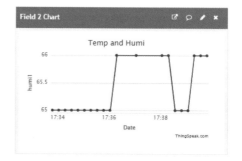

圖 3.8　溫濕度分布圖

例題 **3.2**

利用 Node-RED 流程 mqtt in 結點，訂閱例題 3.1 傳送至 ThingSpeak 雲端伺服器溫濕度值，並顯示在圖表。

🛜 **Node-RED 流程**

利用 mqtt in 結點訂閱 ThingSpeak 頻道，將溫濕度值顯示在圖表結點。

01 流程規劃：2 個 mqtt in、2 個 chart、2 個 debug 結點。

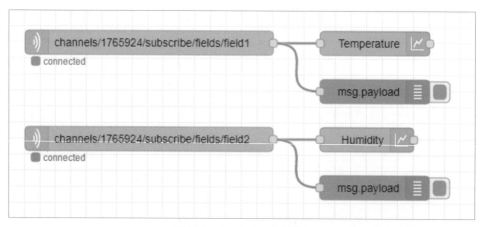

圖 3.9　Node-RED 流程

02 結點說明

■ mqtt in：2 個結點，分別訂閱溫度值與濕度值，channels/1765924/subscribe
/fields/field1 與 channels/1765924/subscribe/fields/field2，如圖 3.10

◆ Connection 頁籤：MQTT 伺服器為 mqtt://mqtt3.thingspeak.com，使用
MQTT V3.1.1 通訊協定，填入 ClientID，如圖 3.11

◆ Security 頁籤：填入 Username、Password，如圖 3.12

註：ClientID、Username、Password 的取得，請參考圖 3.6。

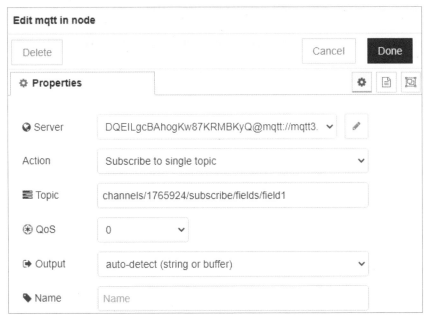

圖 3.10　mqtt in 結點編輯：設定主題

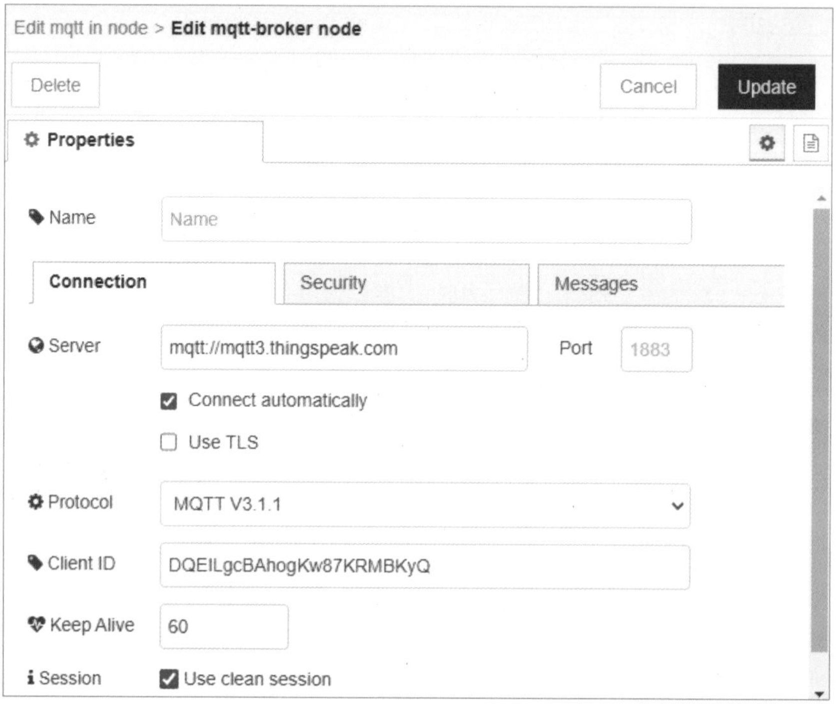

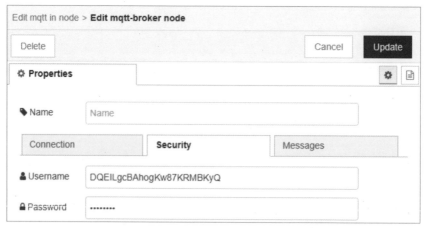

圖 3.11　mqtt in 結點編輯：設定伺服器

圖 3.12　mqtt in 結點編輯：Username、Password

■ dashboard：2 個圖表（chart），分別為 Temperature、Humidity

03 使用者介面：顯示如圖 3.13。

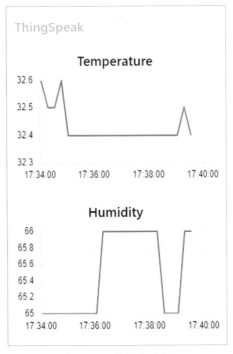

圖 3.13　使用者介面

例題 **3.3**

利用 Node-RED 流程 mqtt out 結點，發布指令訊息至 ThingSpeak 雲端伺服器，控制 ESP32 內建 LED。

📶 範例程式

ThingSpeak 頻道新增第 5 欄位 field5，名稱 cmd。

ESP32 程式：與例題 3.1 大部分相同

01 訂閱 ThingSpeak 頻道 field5 欄位："channels/1765924/subscribe/fields/field5"。

02 setup 部分

■ 內建 LED 腳位 GPIO2

■ 設定數位輸出模式

■ 內建 LED 初始狀態為低準位

03 回呼函式 callback：修改例題 3.1 callback 函式，增加解析指令訊息

■ 訊息為 49：LED 亮

■ 否則：LED 暗

```
#include <WiFi.h>
#include <PubSubClient.h>
#define LED_pin 2
const char* topic_sub = "channels/1765924/subscribe/fields/field5";
...
void setup() {
  ...
  pinMode(LED_pin, OUTPUT);
  digitalWrite(LED_pin, LOW);
}
void initWiFi() {
  ...
}
void callback(char* topic, byte* payload, unsigned int length) {
  Serial.print("Message arrived: ");
  Serial.println(topic);
  for (int i=0; i < length; i++) {
    Serial.print((char) payload[i]);
  }
  if (length == 1) {
    unsigned int cmd = payload[0];
    if (cmd == 49) {
      digitalWrite(LED_pin, HIGH);
    } else {
      digitalWrite(LED_pin, LOW);
```

```
    }
  }
  Serial.println();
}
void reconnect() {
  ...
}
void loop() {
  if (!mqtt_client.connected()) {
    reconnect();
  }
  mqtt_client.loop();
}
```

📶 Node-RED 流程

[01] 流程規劃：1 個 switch、1 個 function、1 個 mqtt out、1 個 debug 結點，如圖 3.14。

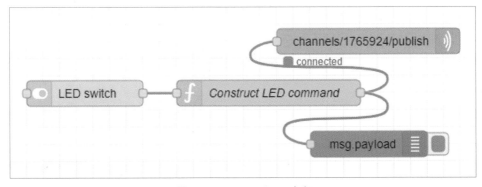

圖 3.14　Node-RED 流程

[02] 結點說明

■ switch：On 輸出 1、Off 輸出 0

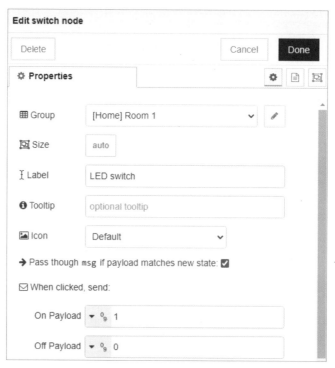

圖 3.15　switch 結點編輯

■　function：名稱 Construct LED command，組成訊息，形式為

◆　switch On："field5=1&status=MQTTPUBLISH"

◆　switch Off："field5=0&status=MQTTPUBLISH"

圖 3.16　function 結點編輯

■ mqtt out：主題 channels/1765924/publish，如圖 3.17，使用者、密碼設定
與圖 3.11、3.12 相同

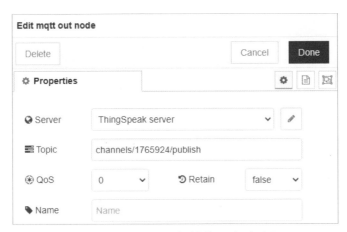

圖 3.17　mqtt out 結點編輯：設定主題

03 使用者介面：顯示如圖 3.18，目前 Switch On，ESP32 內建 LED 亮。

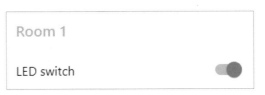

圖 3.18　使用者介面

3.3 REST API

所謂 REST，是 Representational State Transfer（表現層狀態轉換）頭字語，是
一種全球資訊網軟體架構的風格，符合 REST 設計風格的 Web API 稱為 RESTful
API（https://zh.wikipedia.org/zh-tw/%E8%A1%A8%E7%8E%B0%E5%B1%82
%E7%8A%B6%E6%80%81%E8%BD%AC%E6%8D%A2），而 HTTP 請求方法

GET、POST、PUT、DELETE 是 RESTful API 的應用。本節介紹 ThingSpeak 提供的 REST API 更新與讀取頻道內容，這種方式與 MQTT API 不同。

1. 取得 **API Keys**

    點擊 API Keys 頁籤，可以看到 Write、Read API Keys，如圖 3.19，這些 API 金鑰將會用在寫入、讀取資料。

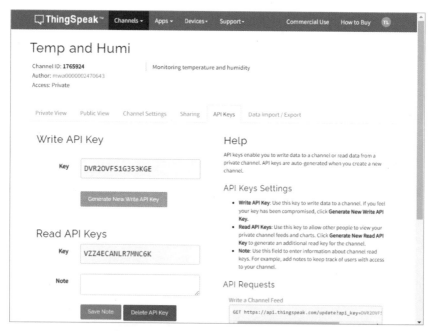

圖 3.19　頻道 Write 與 Read API Keys

2. 寫入資料

    打開瀏覽器向 ThingSpeak 伺服器提出「寫入資料」請求，URL（Uniform Resource Locator）格式：

    https://api.thingspeak.com/update.json?api_key=<write_api_key>&field1=123

    例如：寫入溫度值為 26.5，api_key= DVR2OVFS1G353KGE，URL 為

    https://api.thingspeak.com/update.json?api_key= DVR2OVFS1G353KGE& field1=26.5

點擊 Private View，可以看到數值已更新。

只需在 ESP32 程式組成 URL 字串提出請求，即可將資料上傳至 ThingSpeak 更新數據。

3. 讀取資料

打開瀏覽器提出「讀取資料」請求，URL 格式：

https://api.thingspeak.com/ channels/<channel_id>/feeds.json?api_
key=<write_api_key>&field1=123

例如：讀取溫度值，channel_id= 1765924，api_key= VZZ4ECANLR7MNC6K，URL 為

https://api.thingspeak.com/channels/1765924/feeds.json?api_key=
VZZ4ECANLR7MNC6K。

例題 3.4

利用 ESP32、DHT11 溫濕度感測模組量測溫濕度，將數值以 REST API 方式更新 ThingSpeak 雲端伺服器頻道欄位內容。

📶 範例程式

01 內含函式庫

- WiFi.h：無線網路
- DHT.h：DHT 溫濕度感測模組

02 DHT11 設定

- 使用 GPIO17 腳位連接訊號線（#define DHTPIN 17）
- 使用 DHT11 感測模組（#define DHTTYPE DHT11）
- DHT dht（DHTPIN, DHTTYPE）：建立 DHT 物件

03 initWiFi 函式：與例題 3.1 相同。

04 setup 部分

- 呼叫 initWiFi 連接無線網路

- WiFiClient client：建立 WiFiClient 物件

- dht.begin：啟動 DHT 溫濕度感測模組

05 loop 部分：每 15s 執行迴圈 1 次

- client.connect（host, httpPort）：連結 ThingSpeak 伺服器

- dht.readHumidity()：讀取溫度值

- dht.readTemperature()：讀取濕度值

- 組成 URL 字串：將 Write_API_Key、溫濕度值等串接成 URL 字串，本例僅 2
  個欄位值更新，若需要多欄位，例如：field3=33.5，
  url += "&field3=";
  url += "33.5";

- 利用 http POST 方法提出請求：根據 ThingSpeak 官網資料（https://www.
  mathworks.com/help/thingspeak/writedata.html?searchHighlight=write%20
  api_key&s_tid=srchtitle_write%2520api_key_3#d123e23094），除 了 POST，
  亦可使用 GET 方法；在此以 POST 寫入資料，至於 GET 方法將運用在
  Node-RED 流程讀取資料

※ 完成程式撰寫後，編譯、上傳至 ESP32，物聯網開始運作，將量測到的溫濕
  度值上傳至 ThingSpeak 伺服器。

```
#include <WiFi.h>
#include <DHT.h>
#define DHTPIN 17
#define DHTTYPE DHT11
const char* ssid        = ur_ssid;
const char* password    = ur_password;
const char* host        = "api.thingspeak.com";
```

```
const char* channel_id  = ur_channel_id;
const char* api_key      = ur_write_api_key;


DHT dht(DHTPIN, DHTTYPE);

void setup() {
    Serial.begin(115200);
    WiFi.mode(WIFI_STA);
    WiFi.disconnect();
    delay(100);
    initWiFi();
    dht.begin();
}
void initWiFi() {
    ...
}
void loop() {
    delay(5000);
    Serial.print("connecting to ");
    Serial.println(host);
    WiFiClient client;
    const int httpPort = 80;
    if (!client.connect(host, httpPort)) {
        Serial.println("connection failed");
        return;
    }
    float h = dht.readHumidity();
    float t = dht.readTemperature();

    if (isnan(h) || isnan(t)) {
      Serial.println("Failed to read from DHT sensor!");
      return;
    }
    String url = "https://";
    url += host ;
    url += "/update.json?api_key=";
    url += api_key;
```

```
   url += "&field1=";
   url += String(t);
   url += "&field2=";
   url += String(h);
   Serial.print("Requesting URL: ");
   Serial.println(url);
   client.print(String("POST ") + url + " HTTP/1.1\r\n" +
                "Host: " + host + "\r\n" +
                "Connection: close\r\n\r\n");
   unsigned long timeout = millis();
   while (client.available() == 0) {
       if (millis() - timeout > 5000) {
           Serial.println(">>> Client Timeout !");
           client.stop();
           return;
       }
   }
   while(client.available()) {
       String line = client.readStringUntil('\r');
       Serial.print(line);
   }
   Serial.println();
   Serial.println("closing connection");
}
```

執行程式後，登入 ThingSpeak，點擊 Channels > My Channels，確定頻道，點擊 Private View，顯示 Field1、Field2 值，可得到與圖 3.8 類似溫濕度分布。

例題 3.5

利用 Node-RED 流程 http request 結點，讀取 ThingSpeak 雲端伺服器溫濕度值，並顯示在圖表。

🛜 Node-RED 流程

利用 http request 結點讀取 ThingSpeak 頻道，將溫濕度值顯示在圖表結點。

01 流程規劃：1 個 inject、1 個 http request、2 個 chart 結點，如圖 3.20。

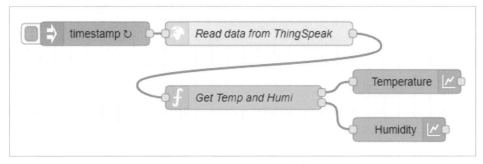

圖 3.20　Node-RED 流程

02 結點說明

■ inject：名稱 Start，每間隔 15s 執行一次流程

圖 3.21　inject 結點編輯

■ http request：名稱 Read data from ThingSpeak，使用 GET 方法，每次取 2 筆資料，URL 等於 https://api.thingspeak.com/channels/1765924/feeds.json? api_key=VZZ4ECANLR7MNC6K&results=2，輸出型式為「a parsed JSON object」

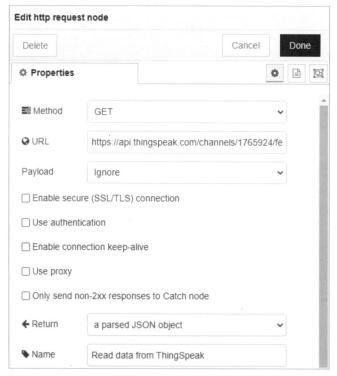

圖 3.22　http request 結點編輯

■ function：名稱為 Get Temp and Humi，關鍵詞 feeds 索引 0 的關鍵詞 field1 為溫度值、關鍵詞 field2 為濕度值。2 個輸出訊息：溫度值、濕度值

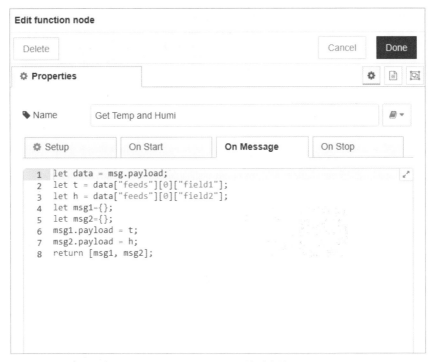

圖 3.23　function 結點編輯

- dashboard：2 個圖表（chart），分別為 Temperature、Humidity

03 使用者介面：儀表板顯示與圖 3.13 相同。

3.4　ThingView APP

利用智慧型手機 ThingView 連上 ThingSpeak 雲端伺服器，讀取由 ESP32 發布的溫濕度值。

1. 登入 ThingSpeak，至 Channels > My Channels，點選已建立頻道，本例為 Temp and Humi，取得 Channel ID 與 Write 或 Read_API Key（擇一，兩者均可以用在 ThingView 連線），如圖 3.19。

2. 至 Google Play 下載安裝 ThingView 並開啟，點擊「Add channel」新增頻道。

圖 3.24　安裝 ThingView

圖 3.25　開啟 ThingView

3. 輸入 ThingSpeak 建立頻道的 Channel ID、Write 或 Read_API Key，此為 Private channel，不勾選「Public」，如圖 3.26。點擊「Search」後顯示頻道欄位，本例 temp、humi 欄位，如圖 3.27。

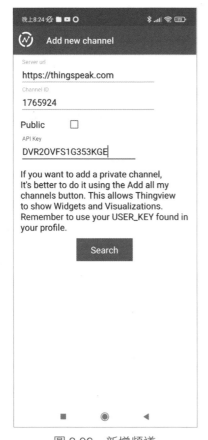

圖 3.26　新增頻道　　　　　　　　圖 3.27　連結頻道

4. 圖 3.28 顯示已連上 Temp and Humi 頻道，點擊後呈現使用者介面，可以顯示溫濕度紀錄圖表如圖 3.29。

圖 3.28　目前連線頻道

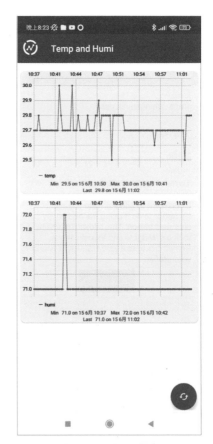

圖 3.29　顯示圖表

3.1 如習題 1.4，ESP32 設光敏電阻器，與 100kΩ 串接，接點輸出電壓訊號至 GPIO36（ADC1 第 0 頻道），光敏電阻器隨光強度變化電阻值，根據電壓值計算電阻值，每 15s 發布電阻值至 ThingSpeak。註：光強度越弱，電阻值越高。

3.2 ESP32 設 3 個 LED，分別接 330Ω 電阻，ESP32 訂閱 ThingSpeak 頻道，利用 Node-RED 流程 mqtt out 結點控制 LED。

MEMO

04
Chapter

Cloud 4：
HiveMQ

第 4 朵雲 HiveMQ，物聯網將資料以 MQTT 通訊發布至 HiveMQ 雲端伺服器。HiveMQ MQTT 伺服器有兩種，一種為公共 MQTT 伺服器，用戶毋須帳號、密碼即可隨意在該伺服器發布或訂閱訊息主題；另一種係將訊息加密再傳送至 MQTT 伺服器，確保資訊安全傳遞，惟這種方式需憑證，本章將說明如何製作免費憑證。

4.1　運用 HiveMQ 公共 MQTT 伺服器傳送訊息

HiveMQ 提供免費 MQTT 伺服器，使用者可以發布訊息，供其他裝置如手機、電腦讀取，亦可以訂閱主題，在另一個裝置發布指令訊息來控制開關。由於此 MQTT 伺服器為公共（public），任何人皆可以在上面發布或訂閱主題，毋須帳號、密碼，因此很容易就會收到他人發布相同主題，但非我們所需的訊息。為了避免這種情況發生，可以使用特殊的主題或更詳細的敘述，例如：tclinnchu/0617/temp 為溫度主題，如此與他人主題相同的機率將會大大減少。

4.2 節說明如何以加密訊息的方式進行 MQTT 通訊，將不會發生前述現象，也可以確保資訊安全傳輸。

1.　**MQTT 伺服器**：網址 broker.hivemq.com、埠號為 1883。相關資料網址 http://broker.mqtt-dashboard.com 頁面，顯示訊息流量。

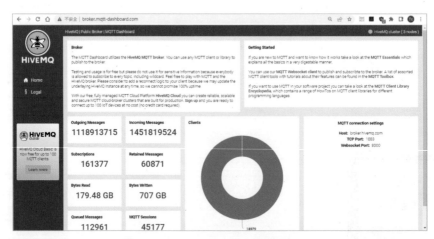

圖 4.1　HiveMQ MQTT 伺服器網頁

操作相當簡單，只需將裝置連上 HiveMQ MQTT 伺服器，設定主題，發布或訂閱，即可取得 MQTT 伺服器的回應。

2. **HiveMQ MQTT 應用**：以例題說明如何運用 HiveMQ MQTT。

例題 4.1

使用 ESP32 搭配 DHT11 量測溫濕度，資料以 MQTT 通訊上傳至 HiveMQ 提供的 MQTT 伺服器。

📶 範例程式

HiveMQ 的公共 MQTT 伺服器網址為 "broker.hivemq.com"。

01 發布、訂閱主題

■ 發布與訂閱主題

◆ 溫度值："tclinnchu/0617/temp"

◆ 濕度值："tclinnchu/0617/humi"

■ 訂閱主題："tclinnchu/0617/cmd"

02 內含函式庫

■ WiFi.h：無線網路

■ PubSubClient.h：MQTT 用戶端模組

■ DHT.h：DHT 溫濕度感測模組

03 建立物件

■ WiFiClient espClient：建立 WiFiClient 物件

■ PubSubClient client（espClient）：建立 PubSubClient 物件

■ DHT dht（DHTPIN, DHTTYPE）：建立 DHT 物件

04 initWiFi 函式：與例題 3.1 相同

05 setup 部分

- 呼叫 initWiFi 連接無線網路

- client.setServer（mqtt_server, 1883）：連接 MQTT 伺服器

- client.setCallback（callback）：設定回呼函式

- dht.begin：啟動 DHT 溫濕度感測模組

06 reconnect 函式：連接 MQTT 伺服器，呼叫 client.connect（client_ID）

07 callback 函式：與例題 3.1 相同。

08 loop 部分：每 15s 執行迴圈 1 次

- 若未連上 MQTT 伺服器，呼叫 reconnect

- temp = dht.readTemperature()：讀取溫度值

- humi = dht.readHumidity()：讀取濕度值

- sprintf（msg1, data_format, temp）：浮點數溫度值轉換字串

- sprintf（msg2, data_format, humi）：浮點數濕度值轉換字串

- client.publish（topic1, msg1）、client.publish（topic2, msg2）：發布主題訊息

※ 完成程式撰寫後，編譯、上傳至 ESP32，物聯網開始運作，將量測溫濕度值發布至 MQTT 伺服器。

```
#include <WiFi.h>
#include <PubSubClient.h>
#include <DHT.h>
#define DHTPIN 17
#define DHTTYPE DHT11
const char* ssid = ur_ssid;
const char* password = ur_password;
const char* mqtt_server = "broker.hivemq.com";
const char* client_ID = "esp32client";
const char* topic1 = "tclinnchu/0617/temp";
const char* topic2 = "tclinnchu/0617/humi";
int readout_len = 5;
```

```
const char* data_format = "%5.1f";
const unsigned long lastingInterval = 15L * 1000L;
unsigned long lastConnectTime = 0L;

WiFiClient espClient;
PubSubClient client(espClient);
DHT dht(DHTPIN, DHTTYPE);

void setup() {
  Serial.begin(115200);
  WiFi.mode(WIFI_STA);
  WiFi.disconnect();
  delay(100);
  initWiFi();
  client.setServer(mqtt_server, 1883);
  client.setCallback(callback);
  dht.begin();
}
void initWiFi() {
  ...
}
void callback(char* topic, byte* payload, unsigned int length) {
  ...
}
void reconnect() {
  while (!client.connected()) {
    if (client.connect(client_ID)) {
      Serial.println("connected");
      client.subscribe(topic1);
      client.subscribe(topic2);
    } else {
      Serial.println("Try again in 5 seconds");
      delay(5000);
    }
  }
}
void loop() {
  if (!client.connected()) {
    reconnect();
  }
  client.loop();
```

```
  if (millis() - lastConnectTime > lastingInterval) {
    float humi = dht.readHumidity();
    float temp = dht.readTemperature();
    char msg1[readout_len];
    char msg2[readout_len];
    if (isnan(humi) || isnan(temp)) {
      Serial.println(F("Failed to read from DHT sensor!"));
      return;
    }
    sprintf(msg1, data_format, temp);
    sprintf(msg2, data_format, humi);
    client.publish(topic1, msg1);
    client.publish(topic2, msg2);
    lastConnectTime = millis();
  }
}
```

測試結果

串列監視器顯示接收到訂閱的訊息如圖 4.2。

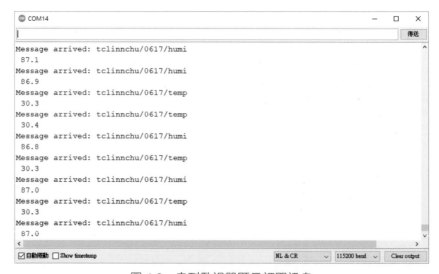

圖 4.2　串列監視器顯示訂閱訊息

4.2 運用 HiveMQ MQTT 伺服器傳送加密訊息

前一節所提的 HiveMQ MQTT 伺服器（broker.hivemq.com）是公共的，任何人
皆可以發布、訂閱主題，毋須帳號、密碼。它存在的問題是

■ 容易接收到沒有意義的訊息

■ 傳輸的訊息未加密

第一個問題的解決方法，可以單純地使用特殊或多層的主題，如例題 4.1 的溫度
主題：tclinnchu/0617/temp，以避免接收到別人發布相同主題但非所需的訊息。
第二個問題的解決方法，可以將訊息加密處理（encrypted），那麼第三者如駭客
將無法讀取或甚至更改所傳輸的數據。同時，訊息加密後，第一個問題也一併獲
得解決。本節將利用 HiveMQ 提供的憑證（certificate）進行 MQTT 發布與訂閱
加密的訊息，以確保數據傳輸的安全性。這項 HiveMQ 提供的服務也是免費的。

1. 設定 **HiveMQ** 的 **MQTT** 伺服器，官網：https://www.hivemq.com/，如圖 4.3，
    點擊 Cloud 頁籤，如圖 4.4，以 Google 帳號登入，如圖 4.5。

圖 4.3　HiveMQ 官網首頁

圖 4.4　HiveMQ Cloud 頁籤

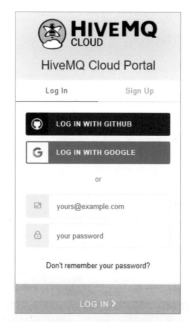

圖 4.5　登入帳號

(1) 新增叢集（cluster）：如圖 4.6，點擊右上角「Create New Cluster」，選
擇「免付費」（Free）叢集，提供

➤ 可連接 100 個 IoT 裝置

> 每月 10GB 數據傳輸量

> 資料保留至少 3 天

免費的額度是 2 個叢集，圖中顯示已建立叢集的 MQTT 伺服器的 URL 與埠號 8883。

圖 4.6　建立新叢集

(2) 選擇雲服務網路：2 個選擇

> AWS：亞馬遜公司提供

> Azure：微軟公司提供

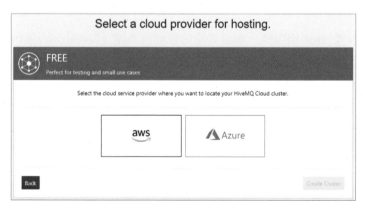

圖 4.7　選擇雲服務網路

(3) 設定使用者與密碼（MQTT Credentials）：選擇已建立的叢集，點擊「Manage Cluster」，點擊 Access Management 頁籤進行用戶、密碼設定，這些資訊將用在連結 MQTT 伺服器。

Cluster Details   Back to Your Clusters

Overview   Access Management   Getting Started

MQTT Credentials

Define the credentials that your MQTT clients can use to connect to your HiveMQ Cloud cluster.
Please visit the HiveMQ documentation for examples on how to use the credentials to connect an MQTT client to your cluster.

Username	Password	Confirm Password
At least 5 characters	☐ Show password	☐ Show password
	At least 8 characters, numbers, upper- and lowercase letters.	

Add

圖 4.8　MQTT 用戶名稱與密碼設定

2. 產生加密訊息傳輸憑證：一般瀏覽網頁，有分 http 與 https 傳輸協定。若瀏覽 http 網頁，訊息未加密，它是以文字形式傳送，因此若遭到駭客攔截到訊息，他可以獲知內容細節，毫無安全保障。但是若用戶僅瀏覽 http 網頁，在不需提供姓名、信用卡等個人資料的情況下，既使洩漏傳送的資料也不會造成損害。https 是 http 加上 SSL（Secure Sockets Layer；安全通訊協定）或 TSL（Transport Layer Security；傳輸層安全性協定），簡單來說就是傳送加密訊息。若用戶瀏覽 https 網頁，不幸被駭客中途攔截，駭客只會看到一堆奇怪的符號。

用戶瀏覽 https 網頁時，網頁伺服器會發行憑證（certificate）給用戶的瀏覽器，確立兩者之間傳輸關係後，所傳送的訊息都加密，藉此防止駭客盜用資料，確保資訊安全。通常 https 網頁的網站會向第 3 方信任單位「數位憑證認證機構」（Certificate Authority；CA），例如：Google Certificate Authority Service，購買簽署的數位憑證（Signed certificate）。（參考資料：https://en.wikipedia.org/wiki/Certificate_authority）

如果非提供給大眾使用的網頁或 APP，但仍需要憑證時，例如：利用 HiveMQ MQTT 傳遞加密訊息，則可以使用自簽憑證（self-signed certificate）。這不須向數位憑證認證機構購買，可以利用 openssl 程式免費取得 MQTT 伺服器所需的憑證。

openssl 是開源函式庫，它實作 SSL 或 TSL 協定，應用於網路安全通訊。下載
openssl 網址 https://www.openssl.org/，openssl 指令：

```
openssl s_client -showcerts -connect <MQTT 伺服器：埠號 >
```

■ s_client：實作連接 SSL/TLS 用戶端與遠端網路主機（MQTT 伺服器）

■ -showcerts：顯示憑證

■ -connect：設定連接主機（MQTT 伺服器）與埠號，如圖 4.6 所列 URL

例如：openssl s_client -showcerts -connect 6624c718bd0c4a43bb0b7269d89
7ba7f.s1.eu.hivemq.cloud:8883

在「命令提示字元」執行指令後，視窗會顯示 3 組憑證，複製第 2 組，內容從
「-----BEGIN CERTIFICATE-----」至「-----BEGIN CERTIFICATE-----」。

圖 4.9　第 2 組憑證

（參考資料：https://blog.miniasp.com/post/2019/02/25/Creating-Self-signed-
Certificate-using-OpenSSL）

例題 **4.2**

將例題 4.1 的溫濕度資料以加密方式上傳至 HiveMQ MQTT 伺服器，同時訂閱溫濕度。

範例程式

程式與例題 4.1 大致雷同，另需要憑證、使用者名稱、密碼，僅列不同處說明，詳細部分請參考例題 4.1 程式。

01 伺服器、使用者、密碼、埠號：由 HiveMQ 取得伺服器網址與使用者，埠號 8883。MQTT 使用者、密碼設定如圖 4.8。

02 發布與訂閱主題，可以簡短、清楚

- 溫度值："temp"

- 濕度值："humi"

03 內含函式庫

- WiFiClientSecure.h：無線網路 SSL 協定

04 建立物件

- WiFiClientSecure espClient：建立 WiFiClientSecure 物件

- PubSubClient client（espClient）：建立 PubSubClient 物件

05 憑證載入記憶體：static const char *root_ca PROGMEM = R"EOF（憑證）EOF"，其中 PROGMEM 表示程式記憶區，R"EOF()EOF" 可以將多行的憑證包裹在括弧內。

06 setup 部分

- 呼叫 initWiFi 連接無線網路

- espClient.setCACert（root_ca）：設定憑證

- client.setServer（mqtt_server, mqtt_port）：連接 MQTT 伺服器

- client.setCallback（callback）：設定回呼函式

07 reconnect 函式：呼叫 client.connect 連接 MQTT 伺服器，3 個引數，分別為
伺服器、用戶帳號、密碼。

08 callback 函式：當接收到訂閱訊息執行此函式，在串列監視器顯示訊息。

09 loop：每 15s 執行迴圈 1 次，量測溫濕度

■ 若未連上 MQTT 伺服器，呼叫 reconnect

※ 完成程式撰寫後，編譯、上傳至 ESP32，物聯網開始運作，將溫濕度值上傳至
HiveMQ 伺服器。

```
const char* mqtt_server = "6624c718bd0c4a43bb0b7269d897ba7f.s1.eu.
hivemq.cloud";
const char* mqtt_username = ur_mqtt_username;
const char* mqtt_password = ur_mqtt_password;
const int mqtt_port = 8883;
const char* client_ID = "esp32client";
const char* topic1 = "temp";
const char* topic2 = "humi";
static const char *root_ca PROGMEM = R"EOF(
-----BEGIN CERTIFICATE-----
複製、黏貼
執行 openssl 所取得的憑證
-----END CERTIFICATE-----
)EOF";

WiFiClientSecure espClient;
....
void reconnect() {
  while (!client.connected()) {
    if (client.connect(client_ID, mqtt_username, mqtt_password)) {
      Serial.println("connected");
      client.subscribe(topic1);
      client.subscribe(topic2);
    } else {
      Serial.println("Try again in 5 seconds");
      delay(5000);
```

```
    }
  }
}
void setup() {
  ....
  espClient.setCACert(root_ca);
  client.setServer(mqtt_server, mqtt_port);
  client.setCallback(callback);
}
...
```

🛜 測試結果

串列監視器顯示接收到訂閱的訊息如圖 4.10，主題簡短，與圖 4.2 不同。

圖 4.10　串列監視器顯示訂閱訊息

4.3 利用 Node-RED 存取物聯網資料

利用 Node-RED 流程的 MQTT 結點連接 HiveMQ 公共 MQTT 伺服器，對 ESP32 進行監控。

例題 **4.3**

利用 Node-RED 流程 mqtt 結點連結 HiveMQ 公共 MQTT 伺服器，讀取例題 4.1 ESP32 發布的溫濕度值，同時控制 ESP32 的 GPIO2 腳位。

🛜 **範例程式**

ESP32 程式：根據例題 4.1 程式。

01 setup 設定 GPIO2 腳位

- ▨ pinMode（LED_pin, OUTPUT）
- ▨ digitalWrite（LED_pin, LOW）

02 新增訂閱主題：

- ▨ topic3 = "tclinnchu/0617/cmd"
- ▨ client.subscribe（topic3）

03 回呼函式 callback：與例題 3.3 相同。

🛜 **Node-RED 流程**

01 流程規劃：2 個 mqtt in、1 個 mqtt out、2 個指針式儀表 gauge、1 個 switch 結點，如圖 4.11。

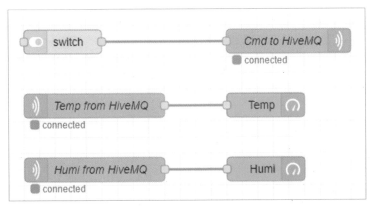

圖 4.11　溫濕度顯示流程

02 結點說明

■ mqtt in：2 個 mqtt in 結點，訂閱主題分別為 tclinnchu/0617/temp、tclinnchu/
0617/humi，主題 Temp from HiveMQ 結點如圖 4.12，Server 網址為 broker.
hivemq.com，埠號為 1883，使用 MQTT V3.1.1，勾選自動連接，伺服器名
稱為 HiveMQ Public，如圖 4.13

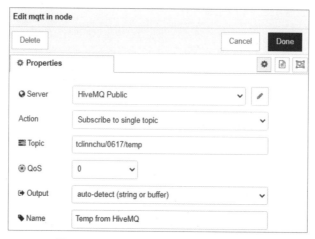

圖 4.12　mqtt in 結點編輯：設定主題

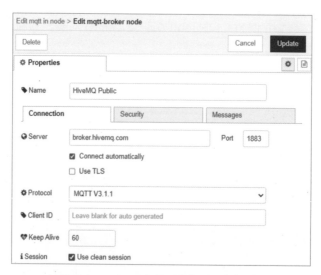

圖 4.13　mqtt in 結點編輯：設定伺服器

■ mqtt out： 名稱為 Cmd to HiveMQ，發布主題為 tclinnchu/0617/cmd，
Server 網址與埠號與 mqtt in 結點相同

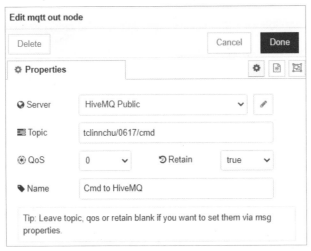

圖 4.14　mqtt out 結點編輯

■ switch：當按下開關 on 時輸出數字 1，off 時輸出 0

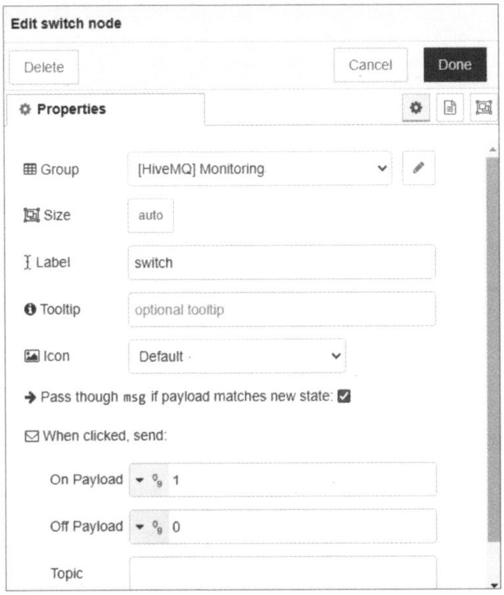

圖 4.15　switch 結點編輯

■ gauge：2 個 gauge 結點分別顯示溫度、濕度，溫度分布範圍 0 ～ 45，濕度
  0 ～ 100，顯示 Temp 值，如圖 4.16

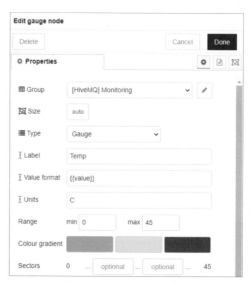

圖 4.16　gauge 結點編輯

03 使用者介面：目前 LED 是 on，ESP32 內建 LED 亮、溫度 30.8℃、濕度
  85.2%，如圖 4.17。

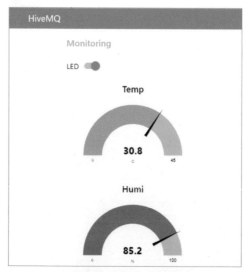

圖 4.17　使用者介面

例題 4.4

以加密方式接收 ESP32 發布至 HiveMQ 伺服器的溫濕度值，與傳遞控制 GPIO2
腳位指令。

🛜 **範例程式**

ESP32 程式：根據例題 4.2 程式。

01 setup 設定 GPIO2 腳位

02 新增訂閱主題：

■ topic3 = "cmd"

■ client.subscribe（topic3）

03 回呼函式 callback：與例題 3.3 相同。

🛜 **Node-RED 流程**

與例題 4.3 流程相同，惟 mqtt 結點設定不同。

01 結點說明

■ mqtt in：2 個 mqtt in 結點，訂閱主題分別為 temp、humi，如圖 4.18 訂閱主
題為 temp，Server 網址為由 HiveMQ IoT Cloud 取得，本例為 032de37a3e
e4495aafd1d1b273b82a91.s2.eu.hivemq.cloud，埠號為 8883，勾選自動連
接（Connect automatically），勾選 Use TLS，只需勾選毋須更動內容，使用
MQTT V3.1.1，如圖 4.19，設定使用者、密碼，如圖 4.20

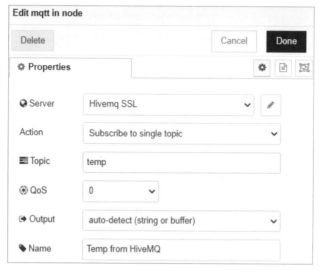

圖 4.18　mqtt in 結點編輯：設定主題 temp

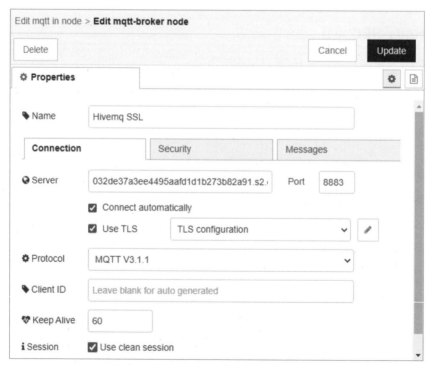

圖 4.19　mqtt in 結點編輯：設定伺服器

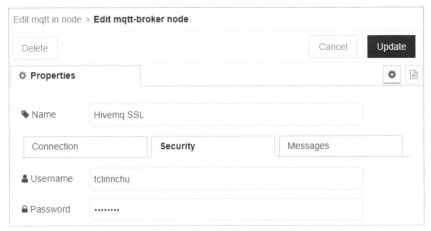

圖 4.20　mqtt in 結點編輯：使用者與密碼

■ mqtt out：Server 網址、埠號與 mqtt in 相同，發布主題為 cmd

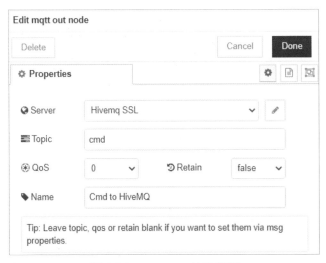

圖 4.21　mqtt out 結點編輯

02 使用者介面：獲得與圖 4.17 相同的使用者介面。

4.4 Virtuino APP

Virtuino APP 可以透過藍芽、區域網路、或網際網路監控電子裝置，官網網址：
https://virtuino.com/。本節利用智慧型手機 Virtuino APP 連接 HiveMQ MQTT 伺
服器，同時編輯儀表板，讀取溫濕度值以及控制 LED。

1. 至 Google Play，搜尋 Virtuino，下載、安裝 Virtuino 6。

圖 4.22 安裝 Virtuino APP

2. 執行 **Virtuino 6**，編輯環境

- ◆ 圖 4.23 為儀表板編輯區
- ◆ 點擊圖 4.23 右上角（3 個點圖塊）可獲主選單，如圖 4.24
- ◆ 點擊圖 4.24 New project 新增專案，可獲得圖 4.25
- ◆ 點擊圖 4.25 右下角「Arduino 裝置 +」圖塊，可獲得圖 4.26
- ◆ 圖 4.26，點擊「MQTT connection」

圖 4.23　儀表板編輯區

圖 4.24　主選單

圖 4.25　新增裝置

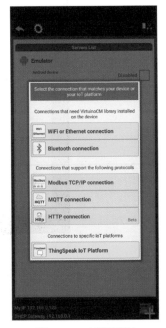

圖 4.26　新增連結

以例題說明步驟。

例題 4.5

利用 Virtuino APP 設計儀表板，連結 HiveMQ 公共伺服器讀取 ESP32 溫濕度值，以及控制 GPIO2 腳位。

📶 **範例程式**

01 建立 MQTT 伺服器連線：網址 broker.hivemq.com、埠號 1883，伺服器名稱（Server name），使用內定名稱 MQTT broker 1（可以用別的名稱），其餘欄位毋須更動，如圖 4.27，點擊右上角圖塊儲存。

圖 4.27　設定 MQTT 伺服器

02 主題建立：點擊 Topics 頁籤，如圖 4.28，選變數 v0、v1、v2

- v0：訂閱主題 tclinnchu/0617/temp，如圖 4.29

- v1：訂閱主題 tclinnchu/0617/humi

- v2：發布主題 tclinnchu/0617/cmd，如圖 4.30

變數清單如圖 4.31。每一個變數設定完成，點擊右上角儲存，其中發布主題設定欄位在視窗上方，訂閱主題設定在下方（不勾選「The sub-topic is the same with pub-topic」），QoS 均設為 0。設定完成，點擊右上角「✓」儲存。

圖 4.28　主題設定

圖 4.29　變數設定：V0

圖 4.30　變數設定：V2　　圖 4.31　變數與主題清單

03 儀表板編輯：回到圖 4.23，點擊下方「+」新增小部件（widget），如圖 4.32，有 4 種層級（Level），只用 Level 1，其中有 Leds、Switches-Buttons、Value display、Analog instrument、Slider、Regulator、Text、Frame、Image 等項目可供選用。本例選 1 個 Switch、2 個文字顯示框，伺服器選「MQTT broker 1」（先前建立），變數有 cmd、temp、humi。再外加 3 個文字標籤：LED、Temp、Humi：

■ 開關小部件編輯如圖 4.33，設定 Switch 操作方式、位置、尺寸、ON/OFF 輸出值

■ 文字顯示框編輯如圖 4.34，設定位置、寬度、高度，以及字體顏色、高度、字型

■ 標籤小部件編輯如圖 4.35，設定位置、尺寸，以及字體顏色、高度、字型

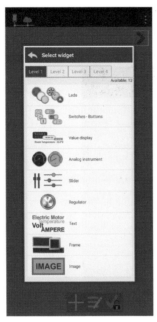

圖 4.32　儀表板小部件選項

圖 4.33　開關小部件編輯

圖 4.34　文字顯示框編輯

圖 4.35　標籤小部件編輯

完成儀表板建立後，如圖 4.36，點擊下方「鎖圖塊」鎖定版面。若要修改儀表板，進入主選單解鎖版面（Unlock panel）進行編輯。

圖 4.36　儀表板小部件配置

04 連結伺服器：若 ESP32 開始發布訊息，點擊儀表板編輯區左上角，勾選
MQTT 伺服器致能（Enabled）如圖 4.37，返回主選單，按下「Connect」。

圖 4.37　MQTT 伺服器致能

05 使用者介面：如圖 4.38，左上角出現綠色雲表示已連上伺服器，即可操作面板，目前顯示 LED OFF 狀態、溫度值 26.8℃、濕度值 54.8%。

圖 4.38　使用者介面

例題 4.6

利用 Virtuino APP 設計儀表板，以加密方式連結 HiveMQ 伺服器讀取 ESP32 溫濕度值，以及控制 GPIO2 腳位。

📶 範例程式

與例題 4.5 相較，除使用不同伺服器與主題，其餘的設定步驟、小部件均相同。僅列伺服器設定、發布與訂閱主題。

01 建立 MQTT 伺服器連線

- 網 址：032de37a3ee4495aafd1d1b273b82a91.s2.eu.hivemq.cloud、 埠 號
  8883，Username：tclinnchu、Pasword：May46101222（MQTT Username、
  Password 設定如圖 4.8），伺服器名稱（Server name），使用內定名稱 MQTT
  broker 2，其餘欄位*毋*須更動，如圖 4.39
- 設定加密協定，勾選「Encryption SSL/TLS」，使用初始設定「Default」，如
  圖 4.40

圖 4.39　設定 MQTT 伺服器　　圖 4.40　設定加密協定

02 建立主題：點擊 Topics 頁籤，選變數 v0、v1、v2，如圖 4.41

■ v0：訂閱主題 temp

■ v1：訂閱主題 humi

■ v2：發布主題 cmd

圖 4.41　變數與主題清單

03 使用者介面與圖 4.38 相同。

4.1 ESP32 設 3 個電燈開關控制，GPIO 腳位接繼電器模組，連結 HiveMQ 公共伺服器，以 Virtuino APP 建立儀表板控制電燈開關。

4.2 重做習題 4.1，使用加密方式以 Virtuino APP 建立儀表板控制電燈開關。

MEMO

05
Chapter

運用
LINE Notify
於物聯網

以 LINE 傳遞訊息是許多民眾與人溝通常用的方式，它也可以用在物聯網，透過 LINE 掌握機器動態，例如：LINE 群組接到物聯網控制花圃澆水的訊息，利用 Node-RED 的 Timerswitch 結點設定時間，以 MQTT out 結點發布指令至 HiveMQ 公共 MQTT 伺服器，轉送給 ESP32 啟動或關閉抽水幫浦，再透過 LINE Notify 結點發布訊息至 LINE 平台，讓群組成員可以清楚澆水的情況。

5.1 LINE Notify

1. 登入 LINE Notify，官網 https://notify-bot.line.me/zh_TW/。此為免費帳戶，
    需綁定電子信箱。

圖 5.1　LINE Notify 首頁

圖 5.2　登入帳號

2.　進入個人頁面：點擊右上角個人帳戶 > 個人頁面。

圖 5.3　個人頁面

點擊「發行權杖」，這權杖將用在 Node-RED。「LINE Notify API Document」提供組成 HTTP 請求的相關資訊。

例題 5.1

利用 LINE Notify 發布訊息，取得權杖。

🛜 解答

01 此例只對自己 LINE 發布通知，亦可發布至特定群組，權杖名稱為「Line Notify from TC」，如圖 5.4，點擊「發行」，屆時 LINE 會收到此有關的訊息。

圖 5.4　發行權杖　　　　　　　　圖 5.5　LINE Notify 權杖

02 複製權杖或黏貼至記事本備用，關閉頁面後將消失。

5.2　利用 Node-RED 傳遞訊息至 LINE

1.　**LINE Notify** 結點：先安裝 line-notify 結點，點擊結點管理員安裝，搜尋 line-notify，安裝 node-red-contrib-line-notify。

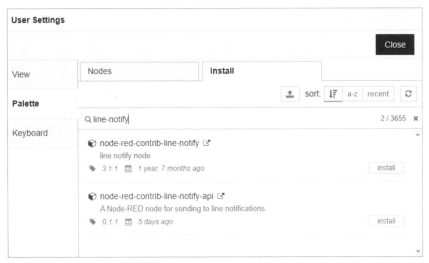

圖 5.6　LINE Notify 結點安裝

例題 5.2

利用 Node-RED 流程控制花圃抽水幫浦定時啟動與關閉，設定 09:00 澆水，09:10 停止澆水，以 LINE Notify 發布訊息。

🛜 電路布置

ESP32 的 GPIO2 腳位接繼電器，採用低準位激磁，高準位失磁，繼電器接點控制抽水幫浦。註：GPIO2 接內建 LED，即使未接電子元件亦可測試。

🛜 ESP32 程式

根據 https://randomnerdtutorials.com/esp32-mqtt-publish-subscribe-arduino-ide/ 範例修改而成。

01 MQTT 伺服器、訂閱主題

- broker.hivemq.com

- tchome/0928/watering

02 內含函式庫

- WiFi.h：無線網路

- PubSubClient.h：MQTT 通訊用戶端模組

03 建立物件

- WiFiClient espClient：建立 WiFiClient 物件

- PubSubClient client（espClient）：建立 PubSubClient 物件

04 initWiFi 函式：與例題 3.1 相同。

05 setup 部分

- 呼叫 initWiFi 連接無線網路

- client.setServer（mqtt_server, 1883）：設定 MQTT 伺服器

- client.setCallback（callback）：設定 MQTT 用戶端回呼函式

06 回呼函式：3 個參數，分別為 topic、訊息 message、訊息字串長度 length，若訊息 on，則 GPIO2 低準位（繼電器激磁）；若訊息 off，GPIO2 高準位（繼電器失磁）

07 loop 部分

- client.connect（"ESP32Client"）：連接 MQTT 伺服器

- client.loop()：進入 MQTT 迴圈

※ 完成程式撰寫後，編譯、上傳至 ESP32，物聯網開始運作，等候 Node-RED
傳遞訊息。

```
#include <WiFi.h>
#include <PubSubClient.h>
const char* ssid = ur_ssid;
const char* password = ur_password;
const char* mqtt_server = "broker.hivemq.com";
const char* topic_sub = "tchome/0928/watering";
const char* client_ID = "esp32client";
WiFiClient espClient;
PubSubClient client(espClient);

void setup() {
  Serial.begin(9600);
  WiFi.mode(WIFI_STA);
  WiFi.disconnect();
  delay(100);
  initWiFi();
  client.setServer(mqtt_server, 1883);
  client.setCallback(callback);
  pinMode(2, OUTPUT);
}
void initWiFi() {
  ...
}
void callback(char* topic, byte* message, unsigned int length) {
  Serial.print("Message arrived on topic: ");
  Serial.print(topic);
  Serial.print(". Message: ");
  String messageTemp;

  for (int i = 0; i < length; i++) {
    Serial.print((char)message[i]);
    messageTemp += (char)message[i];
  }
  Serial.println();
```

```
  if (String(topic) == topic_sub) {
    if(messageTemp == "on"){
      Serial.println("on");
      digitalWrite(2, LOW);
    }
    else if(messageTemp == "off"){
      Serial.println("off");
      digitalWrite(2, HIGH);
    }
  }
}
void reconnect() {
  while (!client.connected()) {
    if (client.connect(client_ID)) {
      Serial.println("connected");
      client.subscribe(topic_sub);
    } else {
      Serial.println("Try again in 5 seconds");
      delay(5000);
    }
  }
}

void loop() {
  if (!client.connected()) {
    reconnect();
  }
  client.loop();
}
```

📶 Node-RED 流程

流程使用定時結點，需安裝 timerswitch 結點，點擊結點管理員，搜尋 timerswitch，
安裝 node-red-contrib-timerswitch。

01 流程規劃：1 個 inject、1 個 timerswitch、1 個 mqtt out、1 個 switch、2 個 LINE notify 結點，流程如圖 5.7。

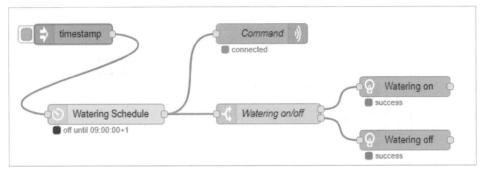

圖 5.7　澆水控制流程：LINE Notify

02 結點說明

■ inject：每間隔 5s 注入訊息一次

■ timerswitch：名稱 Watering Schedule，09:00 輸出 on、09:10 輸出 off

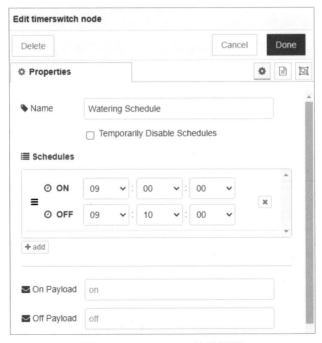

圖 5.8　timerswitch 結點編輯

■ mqtt out：名稱 Command，主題為 tchome/0928/watering，如圖 5.9，連結 HiveMQ 公共伺服器 broker.hivemq.com，埠號 1883，Client ID 為 esp32client2，如圖 5.10

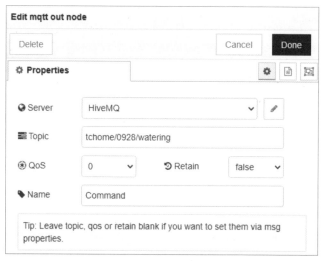

圖 5.9　mqtt out 結點編輯 -1

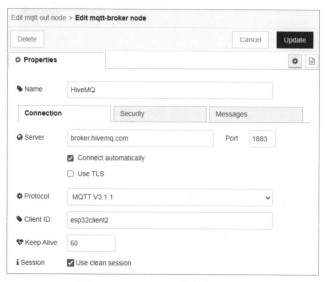

圖 5.10　mqtt out 結點編輯 -2

■ switch：2 個輸出，當 timerswitch 結點輸出 on，導向 LINE Notify：Watering on；當輸出 off，導向 LINE Notify：Watering off

■ LINE Notify：權杖（Token）名稱 LINE Notify，填入圖 5.5 取得 LINE Notify 權杖，如圖 5.11

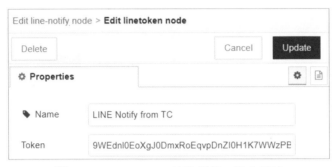

圖 5.11　LINE Notify 結點編輯：設定權杖

有 3 種 ContentType：

◆ Only Message：指文字訊息，限 1000 個字

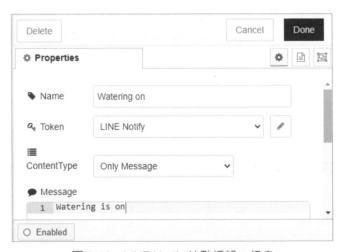

圖 5.12　LINE Notify 結點編輯：訊息

◆ With Image：附圖片，需提供圖片 URL

◆ With Sticker：附 LINE 貼圖，確定貼圖編號（Package ID、Sticker ID），
例如：Package ID=446、Sticker ID=1988 圖片。其他各式貼圖，請參考
sticker list（ https://developers.line.biz/en/docs/messaging-api/sticker-
list/#specify-sticker-in-message-object ）

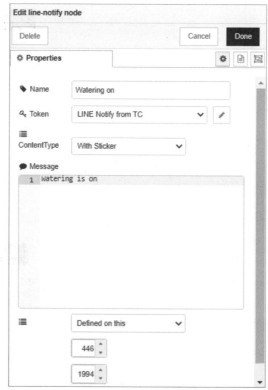

圖 5.13　LINE Notify 結點編輯：貼圖

📶 手機 LINE 顯示

■ 訊息 Watering is on、LINE 貼圖（Package ID=446、Sticker ID=1994）

■ 訊息 Watering is off、LINE 貼圖（Package ID=446、Sticker ID=1988）

圖 5.14　LINE Notify 顯示畫面

2. **http request** 結點：除了使用 LINE Notify 結點外，也可以使用 http request 結點，將訊息傳至 LINE，文件格式請參考圖 5.3「LINE Notify API Document」。

例題 5.3

重做例題 5.2，利用 http request 結點在 LINE 群組發布訊息。

📶 **Node-RED 流程**

01 流程規劃：與例題 5.2 大致相同，主要差異在 http request 結點取代 LINE Notify 結點，function 結點組成 http request 文件，流程如圖 5.15。

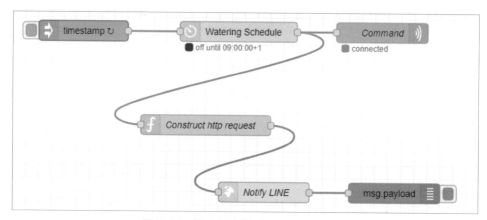

圖 5.15　澆水控制流程：http request

02 結點說明

■ function：名稱 Construct http request，如圖 5.16

◆ 訊息頭 headers 需包含

➤ Content-type：application/x-www-urlencoded

➤ Authorization：Bearer + LINE 權杖

◆ payload

➤ message：顯示字串，Watering is on 或 Watering is off

圖 5.16　function 結點編輯

■ http request：名稱 Notify LINE，使用 POST 方法，URL 為 https://notify- api.
line.me/api/notify，如圖 5.17

圖 5.17　http request 結點編輯

5.1 ESP32 設電動熱水瓶控制系統,每日 05:00 開啟電源,23:00 關掉電源,
以 Node-RED 流程控制 ESP32 腳位,同時利用 LINE Notify 發布至群組。

5.2 ESP32 設 DHT11 量測溫濕度,發布至 HiveMQ 公共伺服器,以 Node-RED
流程讀取溫濕度,當溫度超過 30℃,利用 LINE Notify 發布高溫訊息至群
組,低於 15℃,發布低溫訊息。

5.3 重做習題 5.2,運用 Node-RED 的 http request 結點發布訊息至群組。

Chapter 06

Cloud 5：
Heroku

第 5 朵雲 Heroku，運用它建立個人專屬網頁。本章將結合 Heroku、HiveMQ、
Virtuino，在 Heroku 雲端應用平台建立動態網頁，即時顯示 ESP32 上傳的資
料，可以在電腦或智慧型手機上瀏覽資訊，也可以利用 MQTT 監視與控制物聯
網，組成雲端網頁伺服器、ESP32 物聯網、用戶端三者以 HTTP、MQTT 通訊的
架構，如圖 6.1。

- ESP32 以 HTTP POST 方法將資訊傳至 Heroku 伺服器，同時也發布至 HiveMQ
  MQTT 伺服器

- 電腦除瀏覽 Heroku 網頁外，也發布主題至 HiveMQ MQTT 伺服器進一步控制
  ESP32

- 智慧型手機與電腦進行類似工作，運用 Virtuino APP 在 HiveMQ MQTT 伺服
  器發布、訂閱主題

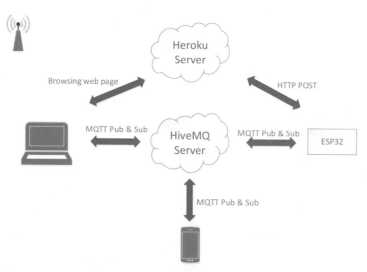

圖 6.1　HTTP、MQTT 通訊架構

本章充分運用兩個雲端伺服器建構物聯網，它們各司其職，得以傳遞資訊與控制
裝置。因涉及不同的平台，需有不同的開發工具

- Arduino IDE 撰寫 ESP32 程式

- Visual Studio Code 撰寫網頁 JavaScript 程式
- 部署 Heroku 動態網頁應用程式

本應用僅供用戶瀏覽網頁，輸入網址即可獲知相關資訊，網頁不具有使用者互動的介面。

6.1 Visual Studio Code

Visual Studio Code 是微軟開發的免費軟體，支援各式程式語言如：HTML、JavaScript、C++、Python 等，可運用至網頁開發或雲端應用。（參考資料：https://zh.wikipedia.org/zh-tw/Visual_Studio_Code）。

本節利用 Visual Studio Code 撰寫 JavaScript 程式，以最簡單的方式製作網頁。

1. 安裝 Visual Studio Code，下載官網 https://code.visualstudio.com/。

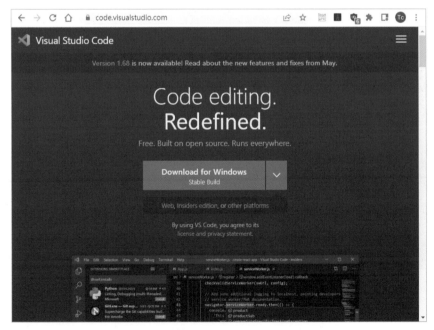

圖 6.2　下載 Visual Studio Code 網頁

2. 執行 Visual Studio Code > File > Open Folder，至特定工作目錄，例如：IoT，即可開始編輯程式。

以一簡單例題介紹如何運用 Visual Studio Code 編輯 JavaScript 程式，JavaScript 語法請參閱附錄 C。

> ### 例題 6.1

試撰寫一 JavaScript 程式，在 Console 視窗顯示 "Welcome to IoT World!"。

🛜 範例程式

01 執行 Visual Studio Code，如圖 6.3，圖左欄顯示目錄現有檔案，右上方為程式編輯區，右下方為命令提示字元（在主功能選單點擊 Terminal）。

02 新增檔案：檔名 index.js，僅一行程式：console.log（"Welcome to IoT World!"）。console.log 函式會在 Terminal 顯示字串，主要用於除錯。

03 在命令提示字元執行 npm init，產生 package.json。

04 測試程式：Terminal > node index.js，將顯示 Welcome to IoT World!。

圖 6.3　Visual Studio Code 編輯環境

3. JavaScript 程式

(1) express 模組

express 是一個小型 Node.js 的網頁應用框架，用來開發網頁、智慧型手機的應用程式，主要特點

➢ 建立中介層（middleware）以回應 HTTP 的請求

➢ 定義一個路由表（route table），根據 HTTP 方法與 URL 執行各種行動

➢ 根據傳入模板（template）的引數可以提供 HTML 動態網頁服務

（參考資料：https://www.tutorialspoint.com/nodejs/nodejs_express_framework.htm）

(2) 安裝 express 模組

```
> npm install express --save
```

安裝完成後，將產生 node_modules 子目錄以及 package-lock.json 檔案，同時更新 package.json 內容，載明 express 版本。

參數 --save 確定安裝模組後更新 package.json，npm 5.0+ 版本會自動更新。

(3) 建立 express 物件

➢ const express = require("express")：匯入 express 模組

➢ const app = express()：建立 express 物件 app

➢ 回呼函式 get：函式格式為

```
app.get (req, res) => { };
```

亦稱箭頭函式（arrow function），引數 req 為用戶端請求的資訊，res 為伺服器回應的資訊，{} 為程式區塊

(4) 設定靜態檔案目錄：例如將圖片放在 src 目錄，它位在工作目錄下，

app.use(express.static(__dirname+'/src'))

其中 __dirname 為目前工作目錄的路徑。

(5) HTML 標籤：組成網頁的基本元素，由起始標籤（opening tag）與結束
標籤（closing tag）界定段落

> ：定義區塊，align="center" 置中排列

> <h1> </h1>：h1 字體最大標題

> <img>：圖片，src 設定圖片檔案路徑，width、height 圖片大小，無
結束標籤

(6) app.listen：偵聽通訊埠的連結，通訊埠使用 process.env.PORT（可另外
在程式外設定）或 3000。

4. package.json：其中 "scripts" 內更改為 "start":"node index.js"。當安裝或更
新模組，package.json 內容的 dependencies 會自動更新，例如安裝 express
後，顯示版本為 4.18.1。

```json
{
  "name": "iot",
  "version": "1.0.0",
  "description": "",
  "main": "index.js",
  "scripts": {
    "start": "node index.js"
  },
  "author": "",
  "license": "ISC",
  "dependencies": {
    "express": "^4.18.1"
  }
}
```

例題 6.2

試撰寫一 JavaScript 程式，在 localhost 網頁顯示 "Welcome to IoT World"，同時顯示圖片。

📶 範例程式

根據例題 6.1 的 index.js 程式修改，匯入 express 模組，在 IoT 目錄下建立 src 目錄，將一張圖片複製在該目錄，本例圖片為 1.jpg。

01 網頁內容 htmlContent

- <img src="./1.jpg" width="250" height="300">：圖片位於目前目錄 /src 底下，圖片寬 250 像素點、高 300 像素點

- <h1>Welcome to IoT World!</h1>：顯示訊息

02 app.get('/', (req, res) => res.send(htmlContent))：當用戶瀏覽首頁，網頁伺服器回應 htmlContent 網頁內容。

```
const express = require("express");
const app = express();
const port = 3000;
app.use(express.static(__dirname+'/src'));
htmlContent = '<div align="center">';
htmlContent += '<img src="./1.jpg" width="250" height="300">';
htmlContent += "<h1>Welcome to IoT World!</h1>";
htmlContent += '</div>';
app.get('/', (req, res) => res.send(htmlContent));
app.listen(process.env.PORT || port);
```

03 執行 node index.js，打開瀏覽器，網址 localhost:3000，可獲得如圖 6.4。

圖 6.4 localhost:3000 網頁

瀏覽 localhost:3000 需在 Visual Studio Code 執行 node index.js 狀況下，才會顯示網頁。下一節將網頁內容部署到 Heroku 雲端伺服器，由它來管理網頁。

6.2 Heroku 應用部署

Heroku 是一個雲端應用平台（Cloud Application Plateform），官網 https://dashboard.heroku.com/apps，如圖 6.5。利用它提供的應用平台部署應用程式，此為**免付費服務**。

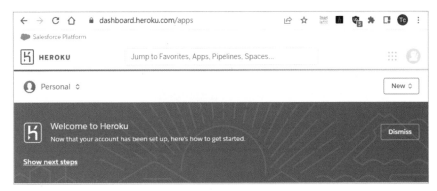

圖 6.5　Heroku 應用平台

1. 申請帳號、登入 Heroku 平台。點擊右上角圖塊 Account settings 進行帳戶設定驗證管理 Manage Multi-Factor Authentication，如圖 6.6。

圖 6.6　帳號設定

■ 利用手機驗證身分：至 Google Paly 下載 Salesforce Authenticator APP，如圖 6.7，安裝後執行，點擊「新增帳戶」，它會顯示英文片語，例如 strong result

圖 6.7　Salesforce Authenticator APP

■　新增 Salesforce Authenticator 驗證方式，如圖 6.8

圖 6.8　新增驗證方式

■ 輸入手機所獲得的英文片語，例如：strong result，點擊連線，如圖 6.9，回至手機端確認連線，手機會不斷產生驗證碼以確認使用者身分

圖 6.9　Salesforce Authenticator 連線設定

2. 新增 app：本例名稱 iot-tc。當輸入名稱，顯示 iot-tc is available，表示沒有其他人使用這個名稱，點擊「Create app」。

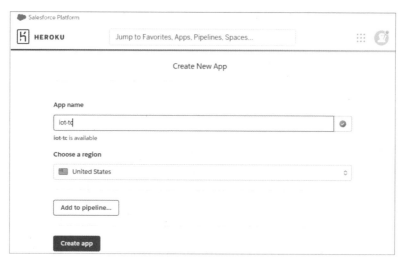

圖 6.10　建立新 app 頁面

3.　當成功產生應用後，點擊 Deploy 頁籤，Deployment method 顯示佈署指示，
選「Heroku Git Use Heroku CLI」。

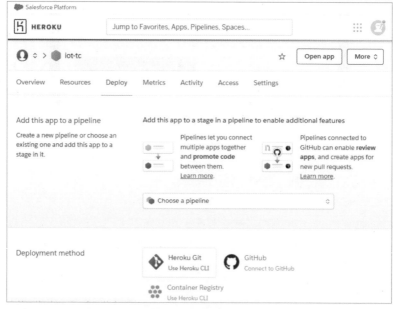

圖 6.11　完成 app 建立

4. 安裝 Heroku CLI 軟體，下載官網 https://devcenter.heroku.com/articles/heroku -cli。

5. 安裝 git 軟體，下載官網 https://github.com/git-guides/install-git。

6. 執行 Visual Studio Code，依據 Deployment method 指示，執行命令提示字元，工作目錄為 IoT，Heroku 建立 App 為 iot-tc，部署步驟：

```
> cd IoT
> heroku login
```

切換至瀏覽器，登入帳號，如圖 6.12。

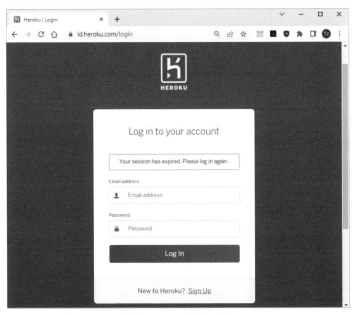

圖 6.12　登入頁面

```
> git init
> heroku git:remote -a iot-tc
> git add .
> git commit -am "IoT Project"
> git push heroku master
```

例題 6.3

將例題 6.2 網頁部署在 Heroku 伺服器，建立新 app。

範例程式

01 登入 Heroku，建立新 app，名稱為 iot-tchome。

02 執行 Visual Studio Code，index.js 與例題 6.2 相同，依據部署步驟，完成後打開瀏覽器，輸入網址 https://iot-tchome.herokuapp.com/，可獲得如圖 6.4 的網頁，請注意這網頁已不是 localhost:3000 所連結的網頁。

6.3　整合 ESP32、Heroku、HiveMQ

將 Heroku 網頁服務平台與 HiveMQ MQTT 伺服器結合運用，以例題說明它們如何運作。

1.　運用 Virtuino APP 監控物聯網

例題 6.4

ESP32 搭配 DHT11 量測溫濕度，發布訊息至 HiveMQ MQTT 伺服器，訂閱指令訊息，並運用智慧型手機 Virtuino APP 控制 ESP32 的 GPIO2 腳位，製作網頁顯示溫濕度，部署應用程式至 Heroku 平台。網頁功能：

- 首頁顯示第 1 張圖片與字串 Welcome to IoT World!
- 首頁 +/temp 顯示第 2 張圖片與字串 The temperature is 溫度值 C
- 首頁 +/humi 顯示第 3 張圖片與字串 The humidity is 濕度值 %
- 首頁 +/cmd 根據 LED 狀態顯示第 4 張圖片與字串 The LED is ON 或 The LED is OFF

請準備 4 張圖片放在 src 目錄。

電路布置

DHT11 訊號腳位為 GPIO17，數位輸出 GPIO2 腳位。

範例程式

與例題 6.3 使用相同 Heroku app：iot-tchome。

Virtuino APP 部分，沿用例題 4.5 所建立的 APP，使用者介面如圖 4.38。

ESP32 分別連上 HiveMQ MQTT 伺服器、Heroku 伺服器：

- ESP32 與 HiveMQ MQTT 伺服器：以 MQTT 通訊方式將溫濕度發布至伺服器，採用公共 MQTT 伺服器（broker.hivemq.com）
- ESP32 與 Heroku 伺服器：利用 HTTP POST 方法更新網頁資訊，網址 https://iot-tchome.herokuapp.com/

這些工作需在每個迴圈中執行。其中 MQTT 部分主要沿用第 4 章的程式，HTTP POST 部分是根據 https://randomnerdtutorials.com/esp32-http-get-post-arduino/ 修改而成。

01 內含函式庫

- WiFi.h：無線網路
- HTTPClient.h：HTTP POST 方法
- PubSubClient.h：MQTT client
- DHT.h：DHT 溫濕度感測模組

02 伺服器、訊息主題

- serverName：在 Heroku 平台部署所取得的動態網頁網址，本例為 https://iot-tchome.herokuapp.com/
- mqtt_server：MQTT 伺服器，本例為 broker.hivemq.com
- topic1、topic2、topic3：MQTT 訊息主題

03 initWiFi 函式：與例題 3.1 相同。

04 reconnect 函式：重新連結 MQTT 伺服器，同時訂閱 3 個主題：溫度、濕度、控制指令。

05 callback 函式：接收到訂閱主題時執行，除顯示訊息外，若接收到 topic3，此為 1 個位元組控制指令，控制 GPIO2 腳位

- 49：輸出高準位

- 其他：輸出低準位

06 dht_measure 函式：量測溫濕度，以傳址方式更新數值。

07 http_update 函式：以 HTTP POST 方法將溫濕度上傳至網頁。

- 設定網頁伺服器路徑：本例為 "https://iot-tchome.herokuapp.com/update"

- 建立 HTTPClient 物件 http

- http.begin：連結網頁伺服器

- http.addHeader("Content-Type", "application/json")：設定傳送資料內容為 JSON 資料格式

- 組成 HTTP POST 資料，格式為 **"{\"temp\": 溫度值 , \"humi\": 濕度值 , \"cmd\":LED 狀態值 }"**；「 " 」前須置跳脫字元「\」。運用 String 物件的 concat 函式串接字串

- http.POST：傳送溫濕度資料更新網頁內容

- http.getString：網頁伺服器回傳資料

08 setup 部分

- 呼叫 initWiFi 連接無線網路

- client.setServer：設定 MQTT 伺服器

- client.setCallback：設回呼函式

09 loop 部分：每隔 15s 執行一次

■ 呼叫 dht_measure

■ 呼叫 http_update

■ 發布 topic1：溫度值

■ 發布 topic2：濕度值

```
#include <WiFi.h>
#include <HTTPClient.h>
#include <PubSubClient.h>
#include <DHT.h>
#define DHTPIN 17
#define DHTTYPE DHT11

const char* ssid = ur_ssid;
const char* password = ur_password;
String serverName = "https://iot-tchome.herokuapp.com/";
const char* mqtt_server = "broker.hivemq.com";
const char* client_ID = "esp32client";
const char* topic1 = "tclinnchu/0617/temp";
const char* topic2 = "tclinnchu/0617/humi";
const char* topic3 = "tclinnchu/0617/cmd";

unsigned long lastTime = 0;
unsigned long timerDelay = 5000;
int readout_len = 5;
const char* data_format = "%5.1f";
const unsigned long lastingInterval = 15L * 1000L;
unsigned long lastConnectTime = 0L;
DHT dht(DHTPIN, DHTTYPE);
void dht_measure(char *, char *);
void http_update(char *, char *);
void callback(char* , byte* , unsigned int );
unsigned int cmd = 48;
WiFiClient espClient;
```

```
PubSubClient client(espClient);

void initWiFi() {
  ...
}
void setup() {
  Serial.begin(115200);
  pinMode(2, OUTPUT);
  digitalWrite(2, LOW);
  WiFi.mode(WIFI_STA);
  WiFi.disconnect();
  delay(100);
  initWiFi();
  client.setServer(mqtt_server, 1883);
  client.setCallback(callback);
  dht.begin();
}
void callback(char* topic, byte* payload, unsigned int length) {
  Serial.print("Message arrived: ");
  Serial.println(topic);
  for (int i=0; i < readout_len; i++) {
    Serial.print((char) payload[i]);
  }
  Serial.println();
  if (strcmp(topic, topic3) != 0) return;
  cmd = payload[0];
  if (cmd == 49) {
    digitalWrite(2, HIGH);
  }
  else {
    digitalWrite(2, LOW);
  }
}
void reconnect() {
  while (!client.connected()) {
    if (client.connect(client_ID)) {
      Serial.println("connected");
```

```
      client.subscribe(topic1);
      client.subscribe(topic2);
      client.subscribe(topic3);
    } else {
      Serial.println("Try again in 5 seconds");
      delay(5000);
    }
  }
}
void loop() {
  if (!client.connected()) {
    reconnect();
  }
  client.loop();
  if ((millis() - lastConnectTime) > lastingInterval) {
    if(WiFi.status()== WL_CONNECTED){
      char msg1[readout_len]="";
      char msg2[readout_len]="";
      dht_measure(msg1, msg2);
      http_update(msg1, msg2);
      client.publish(topic1, msg1);
      client.publish(topic2, msg2);
    }
    else {
      Serial.println("WiFi Disconnected");
    }
    lastConnectTime = millis();
  }
}
void dht_measure(char *msg1, char *msg2) {
  float data_humi = dht.readHumidity();
  float data_temp = dht.readTemperature();
  if (isnan(data_humi) || isnan(data_temp)) {
    Serial.println(F("Failed to read from DHT sensor!"));
    return;
  }
  sprintf(msg1, data_format, data_temp);
```

```
    sprintf(msg2, data_format, data_humi);
    return;
}
void http_update(char *msg1, char *msg2) {
  HTTPClient http;
  String serverPath = serverName + "update";
  http.begin(serverPath.c_str());
  http.addHeader("Content-Type", "application/json");
  String temp = "{\"temp\":";
  String humi = ", \"humi\":";
  String cmd_s = ", \"cmd\":";
  temp.concat(msg1);
  humi.concat(msg2);
  cmd_s.concat((char) cmd);
  cmd_s.concat("}");
  temp.concat(humi.c_str());
  temp.concat(cmd_s.c_str());
  Serial.println(temp.c_str());
  int httpResponseCode = http.POST(temp);
  if (httpResponseCode > 0) {
    Serial.print("HTTP Response code: ");
    Serial.println(httpResponseCode);
    String payload = http.getString();
    Serial.println(payload);
  }
  else {
    Serial.print("Error code: ");
    Serial.println(httpResponseCode);
  }
  http.end();
}
```

🛜 網頁程式部分

執行 Visual Studio Code 編輯程式，工作目錄為 IoT。

01 新增 temp.json 檔案，內容為

```
{
    "temp": 0,
    "humi": 0,
    "cmd": 0
}
```

此檔案作為 ESP32 尚未上傳溫濕度時瀏覽網頁使用，之後會被更新值覆蓋。先在 IoT 工作目錄下，新增 src 目錄，將 4 張圖片命名為 1.jpg、2.jpg、3.jpg、4.jpg 儲存至該目錄。

02 index.js：沿用例題 6.2 的 index.js 進行修改，匯入 fs 模組，以 fs.readFile 開啟 temp.json，讀寫溫濕度值、GPIO2 狀態，

- app.use(express.json)：用於轉換 JSON 字串

- app.post('/update', (req, res) =>⋯)：根據用戶請求（req）的主體（body）內容解析溫度、濕度、LED 狀態

  - req.body：ESP32 上傳的 JSON 字串

  - JSON.stringify：將 JavaScript 數值轉換為 JSON 字串

  - fs.writeFileSync：將 JSON 字串同步寫入 temp.json 檔案

- app.get('/temp', (req, res) =>⋯)：讀取溫度值，顯示圖片 2.jpg、溫度值

  - `The temperature = ${temp}C`，反引號是另一種字串格式，利用 ${} 代入參數

  - JSON.parse：解析 JSON 字串

- app.get('/humi', (req, res) =>⋯)：讀取濕度值，顯示圖片 3.jpg、濕度值

- app.get('/cmd', (req, res) =>⋯)：讀取 LED 狀態，顯示圖片 4.jpg、LED 狀態

```javascript
const express = require("express");
const fs = require('fs');
const app = express();
const port = 3000;
app.use(express.json());
app.use(express.static(__dirname+'/src'));
let temp = undefined;
let humi = undefined;
app.get('/', (req, res) => {
    htmlContent = '<div align="center">';
    htmlContent += '<img src="./1.jpg" width="250" height="300">';
    htmlContent += "<h1>Welcome to IoT World!</h1>";
    htmlContent += '</div>';
    res.send(htmlContent);
});
app.get('/temp', (req, res) => {
    fs.readFile('./temp.json', (err, data) => {
        if (err) throw err;
        const tempHumi = JSON.parse(data);
        temp = tempHumi.temp;
        htmlContent = '<div align="center">';
        htmlContent += '<img src="./2.jpg" width="250" height="300">';
        htmlContent += "<h1>"+`The temperature = ${temp}C`+"</h1>";
        htmlContent += '</div>';
        res.send(htmlContent);
    });
});
app.get('/humi', (req, res) => {
    fs.readFile('./temp.json', (err, data) => {
        if (err) throw err;
        const tempHumi = JSON.parse(data);
        humi = tempHumi.humi;
        htmlContent = '<div align="center">';
        htmlContent += '<img src="./3.jpg" width="250" height="300">';
        htmlContent += "<h1>"+`The humidity = ${humi}%`+"</h1>";
        htmlContent += '</div>';
```

```
        res.send(htmlContent);
    });
});
app.get('/cmd', (req, res) => {
    fs.readFile('./temp.json', (err, data) => {
        if (err) throw err;
        const tempHumi = JSON.parse(data);
        cmd = tempHumi.cmd;
        if (cmd == '1') {
            cmd = "ON";
        }
        else {
            cmd = "OFF";
        }
        htmlContent = '<div align="center">';
        htmlContent += '<img src="./4.jpg" width="250" height="300">';
        htmlContent += "<h1>"+`The status of LED = ${cmd}`+"</h1>";
        htmlContent += '</div>';
        res.send(htmlContent);
    });
});

app.post('/update', (req, res) => {
    const tempHumi = {
        temp: req.body.temp,
        humi: req.body.humi,
        cmd: req.body.cmd,
    };
    const data = JSON.stringify(tempHumi);
    fs.writeFileSync('temp.json', data);
    res.send(data);
});

app.listen(process.env.PORT || port);
```

📶 利用瀏覽器查詢溫濕度、**LED** 狀態

利用 Google Chrome 瀏覽器，連結 Heroku 網頁伺服器，同時利用手機操作 Virtuino APP 控制 LED。本例網頁僅簡單顯示即時文字資訊與圖片，目的只是展示如何利用 Heroku 雲端應用平台更新動態資訊。

01 https://iot-tchome.herokuapp.com/，顯示首頁歡迎詞，如圖 6.13。

圖 6.13　首頁

02 https://iot-tchome.herokuapp.com/temp，顯示最新溫度值 27.9℃，如圖 6.14。

圖 6.14　顯示目前溫度

03 https://iot-tchome.herokuapp.com/humi，顯示最新濕度值 57%，如圖 6.15。

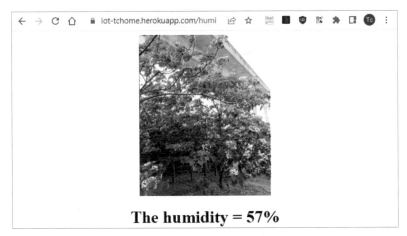

圖 6.15　顯示目前濕度

04 https://iot-tchome.herokuapp.com/cmd，顯示 LED 狀態，目前 LED 是 ON，如圖 6.16。

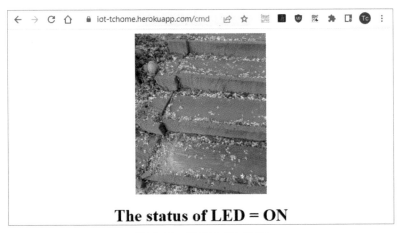

圖 6.16　顯示 LED 狀態

■ 連結上述網址只要 ESP32 在執行程式狀態下，每 15s 會更新溫濕度值一次。

2. 運用 Node-RED 監控物聯網

例題 6.5

重做例題 6.4，運用 Node-RED 流程控制內建 LED（GPIO2）。

範例程式

ESP32 程式、網頁程式與例題 6.4 相同，直接使用。

Node-RED 流程

控制 GPIO2 腳位部分，沿用例題 4.3 Node-RED 流程，設定好 MQTT 伺服器、發布與訂閱主題，即可順利操作使用者介面，如圖 4.17。

6.1 利用 Visual Studio Code 編輯 index.js，首頁顯示網站簡介，照片，提供電子信箱，網址：127.0.0.1:1000。提示：電子信箱標籤字串 "<a href=\"mailto:tclinnchu@gmail.com\">TC Lin</a>"，其中「"」前須置跳脫字元「\」。

6.2 將習題 6.1 網頁部署在 Heroku 平台。

6.3 如習題 4.1，ESP32 設 3 個電燈開關控制，連結 HiveMQ 公共伺服器，以 Virtuino APP 建立儀表板控制電燈開關，建立網頁顯示電燈開關狀態，網頁部署在 Heroku 平台。提示：利用不同背景顏色表示電燈狀態，index.js 網頁樣式定義綠色與紅色背景如下

```
htmlContent = '<html><head>'
htmlContent += '<style>';
htmlContent += 'red {';
htmlContent += 'color: white;';
htmlContent += 'border: 5px solid green;';
htmlContent += 'background-color: red;';
htmlContent += 'width: 50px;';
htmlContent += 'height: 50px;';
htmlContent += '}';
htmlContent += 'green {';
htmlContent += 'color: white;';
htmlContent += 'background-color: green;';
htmlContent += 'border: 5px solid green;';
htmlContent += 'width: 50px;';
htmlContent += 'height: 50px;';
htmlContent += '}';
htmlContent += '</style>';
```

例如第 1 個電燈狀態：

```
if (cmd1 == '1') {
  htmlContent += '<green>-- 1 --</green>';
}
else {
  htmlContent += '<red>-- 1 --</red>';
}
```

6.4 重做習題 6.3，以 Node-RED 流程控制電燈開關。

參 考 資 料

1. ESP32 HTTP GET and HTTP POST with Arduino IDE：https://randomnerdtutorials.com/esp32-http-get-post-arduino/

2. Heroku 應用佈署：https://www.youtube.com/watch?v=27GoRa4d15c/

3. Node.js：https://nodejs.dev/en/learn/。

4. Node.js - Express Framework：https://www.tutorialspoint.com/nodejs/nodejs_express_framework.htm。

07
Chapter

運用資料庫儲存物聯網訊息

MQTT 伺服器只提供轉傳發布者訊息給訂閱主題者，訊息在發送後即消失，若部分資料須留存，除了儲存至文字檔外，另一個方式是儲存至資料庫。本章介紹三種資料庫：

- MySQL
- ClearDB MySQL
- MongoDB

ClearDB MySQL 是 Heroku 資料庫管理系統，它與 MySQL 屬於 SQL 型態資料庫，運用 WampServer 管理資料庫；MongoDB 資料庫有別於 SQL，稱為 NoSQL，它是文件導向（Document-oriented）資料庫管理系統。MySQL 資料庫建立在用戶端的電腦，ClearDB MySQL 與 MongoDB 則是雲端資料庫。藉 Node-RED 的 http request、MySQL 結點連上資料庫，儲存物聯網發布的訊息。

7.1 WampServer 與 MySQL

WampServer 是一個由 Apache web server、OpenSSL、MySQL 資料庫、PHP 程式語言等所構成的 Windows 軟體作業平台，可以利用它來管理資料庫。（參考資料：https://en.wikipedia.org/wiki/WampServer）。

1. 安裝 WampServer，下載官網 https://www.wampserver.com/en/，如圖 7.1。根據電腦作業系統選擇 64 或 32 位元版本。

圖 7.1　WampServer 下載網頁

2.　執行 WampServer（點擊桌面捷徑），按桌面右下角「∧」顯示功能選單，點擊
　　phpMyAdmin（版本 5.1.1），導向網址 http://localhost/phpmyadmin/。伺服器
　　選 MySQL，登入初始帳號：root，密碼欄空著（圖示密碼係在之後所設定）。

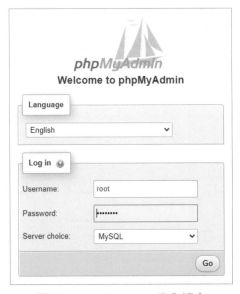

圖 7.2　phpMyAdmin 登入視窗

3. 檢視用戶帳號：圖 7.3 所示第 1 個是 Heroku 資料庫，其餘本機帳號
   （localhost）。

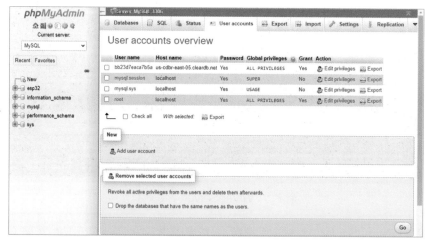

圖 7.3　用戶帳號

4. 新增資料庫（database）：點擊左側選單 > New，填入資料庫名稱（Datebase
   name），以 esp32 資料庫為例。

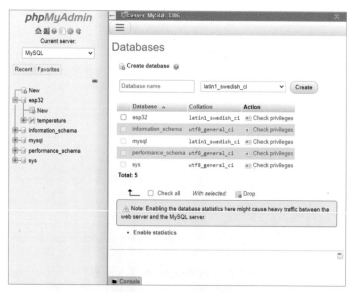

圖 7.4　MySQL 資料庫

5. 新增資料表（table）：以資料表 temperature 為例，資料結構由 4 個欄位（column）組成，如圖 7.5

    ◆ time：datetime 資料，格式 YYYY-MM-DD hh:mm:ss

    ◆ location：位置資料，varchar 型態、長度 5

    ◆ temp：溫度資料，decimal 型態、長度 5、小數點以下 1 位數

    ◆ humi：濕度資料，decimal 型態、長度 5、小數點以下 1 位數

資料表中編碼與排序欄位（Collation），顯示排序規則，採用「utf8mb4_unicode_ci」：utf8 編碼、4 位元組、大小寫不分，若資料不需排序可忽略。圖 7.6 為實際執行 SQL 後所獲得的資料表。

圖 7.5　資料表 temperature 資料結構

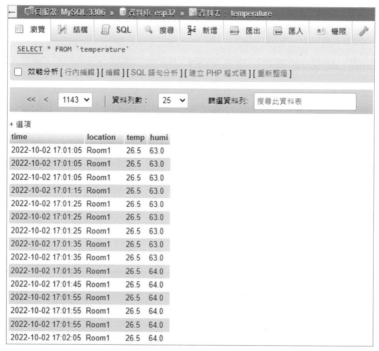

圖 7.6　資料表 temperature

7.2　ClearDB MySQL

第 6 章已介紹 Heroku，它除了是一個雲端應用平台，也提供資料庫 ClearDB
MySQL。利用雲端資料庫儲存資料，不同於存在本機的資料庫，毋須自行管理資
料庫。

🛜 登入 **Heroku** 帳號

1. 新增 app：如圖 7.7，本例名稱 mysql-tclin，新增外掛程式（Add-ons）
    ClearDB MySQL，勾選 Ignite，免付費選項，它提供 5 MB 儲存空間、10 個
    連接（connections），不可諱言這樣的規格使用起來相當受限，很容易就超
    過配額。現階段應用它來學習如何使用，一旦熟練後再依實際需求付費升
    級，獲得更多儲存空間與連接。註：使用 **ClearDB MySQL 需提供信用卡資
    料**，但不會要求付款。

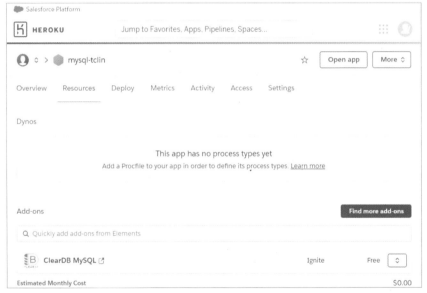

圖 7.7　Heroku 應用頁面

2. 取得連接資料庫所需資料：點擊 Settings 頁籤，打開 Config Vars。

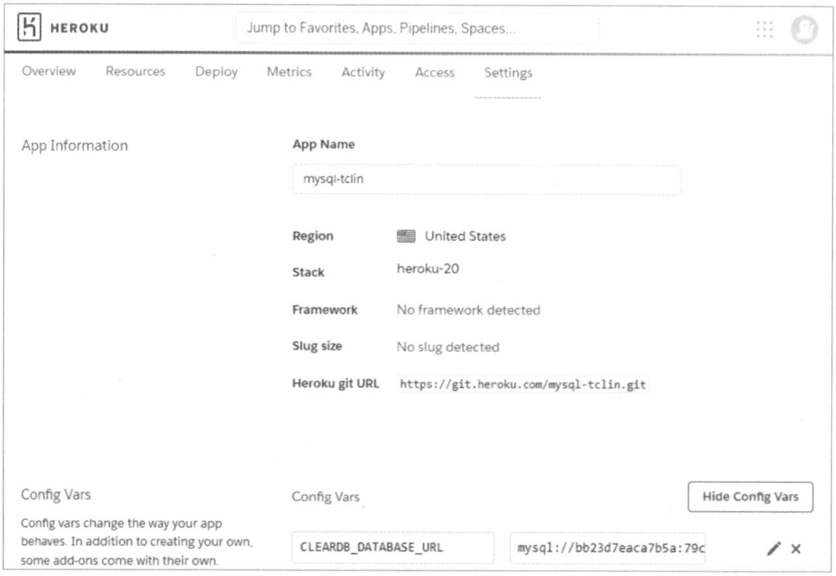

圖 7.8　應用名稱設定

複製 CLEARDB_DATABASE_URL，例如：

mysql://bb23d7eaca7b5a:79c*****@us-cdbr-east-05.cleardb.net/heroku_128
d73650edf381?reconnect=true

其中

◆ 伺服器：us-cdbr-east-05.cleardb.net

◆ 資料庫：heroku_128d73650edf381

◆ 使用者：bb23d7eaca7b5a

◆ 密碼：79c*****

這些資料將會用在 phpMyAdmin 登入帳號，以及 Node-RED 的 MySQL 結點
連接資料庫的設定。

3. config.inc.php：有了 Heroku 資料庫應用連結，接著以 myPhpAdmin 建立
   資料表，必須修改 config.inc.php 檔案資料。檔案路徑 C:\wamp64\apps\
   phpmyadmin5.1.1\ config.inc.php，可能因安裝設定而不同。以 Visual Studio
   Code 編輯，將以下數行加在檔案最後面，伺服器、使用者、密碼如 CLEARDB_
   DATABASE_URL 所載資訊。執行 myPhpAdmin 時，伺服器選單會出現 Heroku
   選項。(參考資料 https://www.doabledanny.com/Deploy-PHP-And-MySQL-
   to-Heroku)

```
/* Heroku remote server */
$i++;
$cfg["Servers"][$i]["host"] = "us-cdbr-east-05.cleardb.net"; //provide hostname
$cfg["Servers"][$i]["user"] = "bb23d7eaca7b5a"; //user name for your remote server
$cfg["Servers"][$i]["password"] = "79c*****"; //password
$cfg["Servers"][$i]["auth_type"] = "config"; // keep it as config
/* End of servers configuration */
```

4. 執行 WampServer > myPhpAdmin，選擇 us-cdbr-east-05.cleardb.net 伺服
   器，輸入使用者名稱、密碼，新增資料表。

圖 7.9　phpMyAdmin 登入頁面：Heroku 伺服器

5. 新增資料表（table）：以資料表 temperature 為例，其資料結構由 5 個欄位（column）組成，除 ID 欄位外，其餘與 MySQL 相同

◆ ID：整數資料，設為主鍵，設自動增號

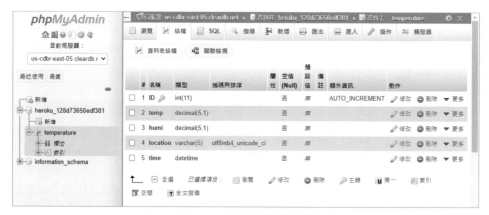

圖 7.10　資料表資料結構

7.3 利用 MySQL、ClearDB MySQL 儲存物聯網資料

利用 phpMyAdmin 分別連接本機 MySQL 資料庫與 ClearDB MySQL 雲端資料庫，將物聯網資料經 HiveMQ 伺服器、Node-RED 流程資料庫結點儲存至資料庫。

例題 7.1

房間設有 ESP32 搭配 DHT11 量測溫濕度，以 MQTT 通訊方式將資料發布至 HiveMQ MQTT 伺服器。同時，利用 Node-RED 的 MQTT 結點連接 HiveMQ MQTT 伺服器，讀取溫濕度，再將資料儲存至本機 MySQL 資料庫。

電路布置

ESP32 的 GPIO17 接 DHT11 訊號線。

📶 範例程式

ESP32 程式與例題 4.1 相同。

📶 **Node-RED 流程**

利用 MQTT 結點訂閱由 ESP32 發布至 HiveMQ 伺服器的溫度與濕度值訊息，並利用 MySQL 結點將訊息儲存至 MySQL 資料庫。點擊 Manage Palette，安裝 2 個結點：

- ▣ node-red-node-mysql：連接 MySQL 資料庫
- ▣ node-red-contrib-moment：組成日期、時間字串

01 流程規劃：如圖 7.11

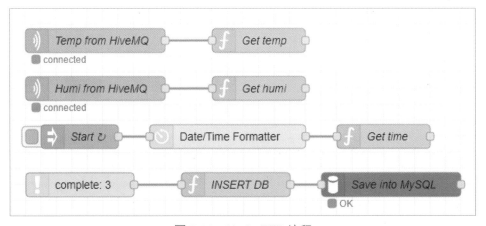

圖 7.11　Node-RED 流程

流程分成 4 個部分：

- ▣ 讀取溫度值：

  - ◆ mqtt in 結點：連接 HiveMQ MQTT 公共伺服器 broker.hivemq.com，埠號 1883，訂閱主題為 tclinnchu/0617/temp

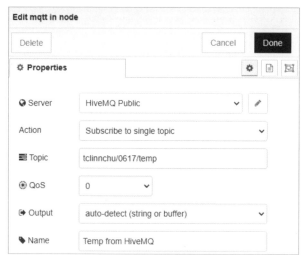

圖 7.12　mqtt in 結點編輯

◆ function 結點：設定 flow 變數 temp

圖 7.13　function 結點編輯：Get temp

■ 讀取濕度值：mqtt in 結點訂閱 humi 主題，利用 function 設定 flow 變數 humi

■ 取得目前日期、時間：1 個 inject、1 個 Date/Time Formatter、1 個 function 結點

　◆ inject 結點：msg.payload 必須為 timestamp

◆ Date/Time Formatter 結點：用於將時間轉換為 YYYY-MM-DD kk:mm:ss
（註：kk 設定 24 小時制）

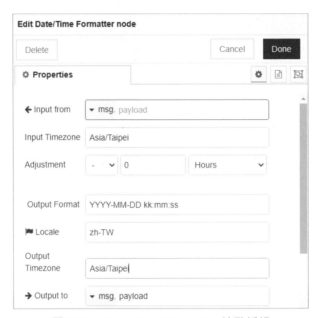

圖 7.14　Date/Time Formatter 結點編輯

■ function 結點：設定 flow 變數 time

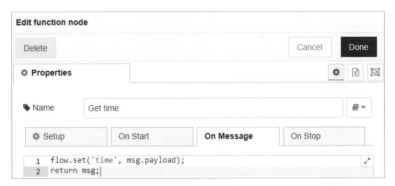

圖 7.15　function 結點編輯：Get time

■ 執行 SQL 指令：1 個 complete、1 個 fumction、1 個 MySQL 結點

◆ complete 結點：待 3 個 function 結點完成後，才著手進行組合 SQL 指令

◆ function 結點：

> INSERT INTO 資料表（欄位名稱）VALUES（設定值）

將 4 個變數插入資料表，由於設定值為變數，指令格式稍複雜，例如：
time，格式為 '"+time+"'，外側為單引號、內側為雙引號，同時前後 +
號，其餘變數以相同方式處理，如圖 7.16 所示，其中第 5 行完整的陳
述為

```
let insert = "INSERT INTO temperature(time, location, temp,
humi)VALUES('"+time+"', '"+loc+"', '"+temp+"', '"+humi+"')";
```

圖 7.16　function 結點編輯：INSERT DB

◆ MySQL 結點：連接本機資料庫，確認 Host、Port、phpMyAdmin 帳號與密碼以及所連結的資料庫，本例 Host 為 127.0.0.1，埠號 3306，用戶為 root，輸入密碼，資料庫為 esp32

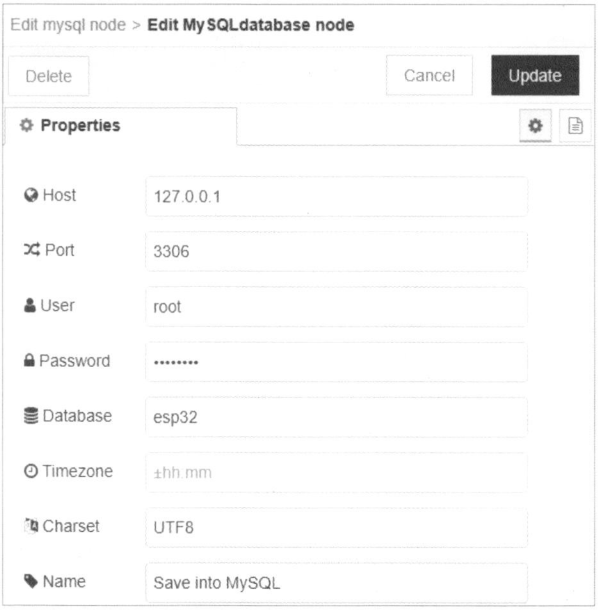

圖 7.17　MySQL 結點編輯：Local MySQL

02 執行情形：打開 MySQL 資料庫，檢視更新後資料。

例題 7.2

將例題 7.1 房間溫濕度資料儲存至 Heroku ClearDB MySQL 雲端資料庫。

📶 Node-RED 流程

01 流程規劃：與例題 7.1 除連結不同資料庫外，其餘結點均相同。

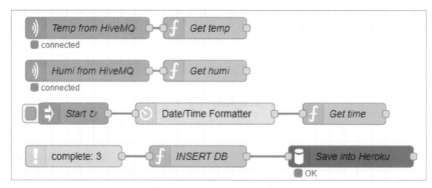

圖 7.18　Node-RED 流程

■ MySQL 結點：連接 Heroku ClearDB MySQL 資料庫，確認 Host、Port、
phpMyAdmin 帳號與密碼以及所連結的資料庫，本例 Host 為 us-cdbr-
east-05.cleardb.net，埠號 3306，用戶為 bb23d7eaca7b5a，資料庫為
heroku_128d73650edf381

圖 7.19　MySQL 結點編輯：Heroku 伺服器

02 執行情形：打開 Heroku ClearDB MySQL 資料庫，檢視更新後資料。

7.4 MongoDB

MongoDB 為 NoSQL 資料庫管理系統，NoSQL 原始意思指 Non-SQL，不同於 SQL 關聯式資料庫管理系統，但是它也可以處理 SQL 資料庫，因此後來解釋為 Not only SQL（https://zh.wikipedia.org/zh-tw/NoSQL）。MongoDB 資料庫由 Collection（集合）組成，Collection 相當於 SQL 資料庫的 Table（表格），Collection 由 Document 組成，Document 則相當於 SQL 資料庫的 Row（列），Document 以「關鍵詞 - 值」（key-value）儲存資料，每一「關鍵詞 - 值」為一 field（字段），相當於 Column（行）；文件（Document）為基本單位，它是 BSON 資料格式，BSON 為 Binary JSON，以二進位表示資料。

表 7.1　NoSQL vs. SQL

NoSQL	SQL
Database	Database
Collection	Table
Document	Row
Field	Column

本節介紹 MongoDB 資料庫管理系統，運用 App Services 開發平台建立 APP，提供瀏覽器與其他應用程式使用，主要內容

- 建立資料庫
- 建立應用：連結資料庫
    - ◆ 建立 HTTPS Endpoints 路由（route）：設定 URL
    - ◆ 建立連結函式：瀏覽或更新資料庫的方法

1. 申請帳號與登入

(1) 瀏覽 MongoDB 官網 https://www.mongodb.com/，如圖 7.20，點擊「Try Free」。

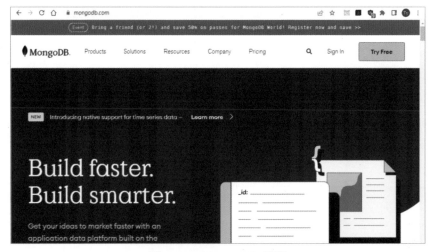

圖 7.20　MongoDB 首頁

(2) 以 Google 帳號登入，如圖 7.21，無須填信用卡資料。

圖 7.21　登入帳號

2. 建立資料庫

(1) 建立專案：圖 7.22 左上角初始設定為 Project 0，點擊 Atlas > Build a Database，雲端資料庫部署選 Shared，免付費，如圖 7.23。雖然是免付費，但仍提供樣本資料庫，可直接拿來練習。MongoDB 主要有 3 個頁籤：Atlas、App Services、Charts，只用到 Atlas 與 App Services。

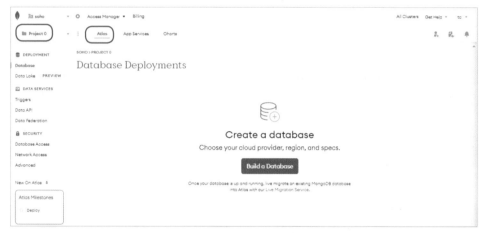

圖 7.22　Atlas 頁籤

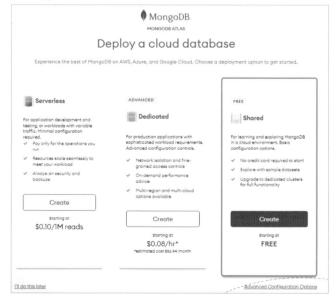

圖 7.23　雲端資料庫部署選擇

(2) 建立分享叢集（Create a Shared Cluster）

> 選擇雲端服務供應商：有 AWS、Google Cloud、Azure 三家，如圖 7.24，維持初始設定 AWS（註：第 8 章將利用 AWS 的 IoT Core 建立物聯網）

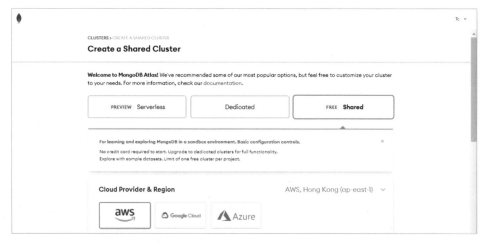

圖 7.24　新增共享叢集

> 選擇最接近區域：它會根據你的 IP 位置選擇，台灣自動選擇 Hong Kong，毋須更動

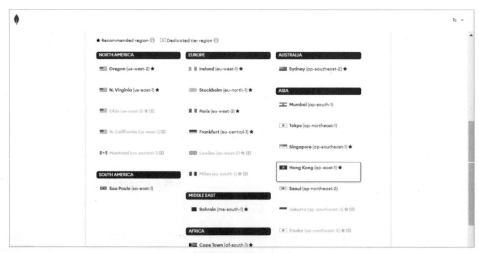

圖 7.25　選擇區域

> 設定 Cluster 名稱：維持初始設定為 Cluster0。免費使用僅能夠建立 1
> 個 Cluster，儲存空間為 512 MB

圖 7.26　叢集名稱設定

(3) 檢視叢集：點擊 Browse Collections，載入資料庫。

圖 7.27　檢視叢集：Cluster0

(4) 新增資料庫、集合：如圖 7.28，點擊「Create Database」，填入資料庫
（Datebase name）與集合（Collection name）名稱，例如：myDB、
myCollection，如圖 7.29。

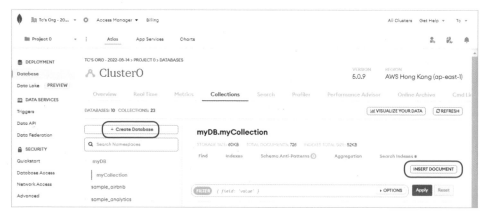

圖 7.28　新增資料庫

圖 7.29　建立資料庫、資料表

(5) 新增資料：點擊圖 7.28「INSERT DOCUMENT」，資料結構由「關鍵詞 -
值」組成，例如圖 7.30 有 4 對「關鍵詞 - 值」（註：可以視需要增設）

➤ _id：系統自動產生

➤ temp：十進數（Decimal128）

➤ humi：十進數（Decimal128）

➤ timestamp：日期時間（Date）

圖 7.30　資料結構

(6) 存取資料庫權限設定：存取 MongoDB 資料庫權限有多種設定，若非重要資料，可以單純開放供各 IP 瀏覽，而在資料寫入時，以程式檢驗傳送內容，讓密碼符合者才可以進行資料庫寫入

➤ 讀寫權限設定：點擊側邊選單「Network Access」，如圖 7.31

➤ 不設限：勾選「ALLOW ACCESS FROM ANYWHERE」，如圖 7.32

➤ IP 清單設定：Access List Entry 顯示 0.0.0.0/0，如圖 7.33，表示任何 IP 均可以瀏覽 MongoDB 資料庫

圖 7.31　網路 IP 權限設定

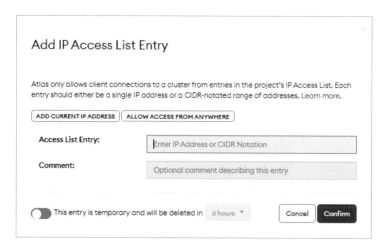

圖 7.32　存取資料庫 IP 設定

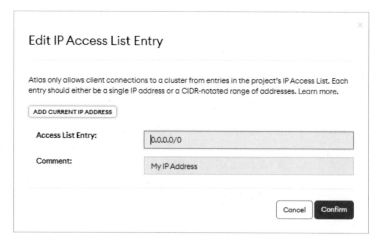

圖 7.33　存取資料庫 IP 編輯

3.　建立應用：建立 MongoDB App Services 應用，如圖 7.34，點擊 App Services
　　頁籤，顯示使用情況與免費使用的上限，其中上限

　　◆　請求量（Request）：1 百萬筆

　　◆　資料傳輸量（Data Transfer）：10 GB

　　◆　計算執行時間（Compute Runtime）：500 小時

　　◆　同步執行時間（Sync Runtime）：10000 小時

　　對練習而言，這種使用上限應該是足夠的。

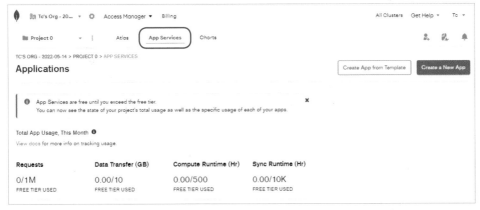

圖 7.34　App Services 頁籤

(1) 新增應用：點擊「Create a New App」，輸入名稱，初始設定名稱
　　「Application-0」，連結已建立資料庫，勾選 Use an existing MongoDB
　　Atlas Data Source，即先前建立的「Cluster0」。

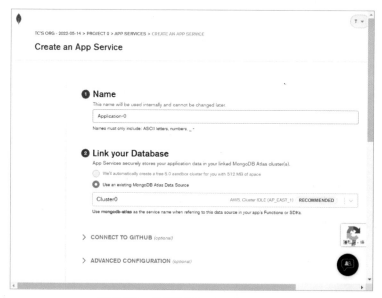

圖 7.35　新增應用：Application-0

(2) 建立 HTTPS Endpoints：新增 Endpoint（終點），點擊側邊選單 HTTPS
Endpoints > Add An Endpoint，新增 2 個終點，一個更新資料庫，另一
個瀏覽資料庫，這些也用在後面例題

➤ /esp32post：提供 HTTP POST 方法更新資料庫

● 設定路由（Route）：名稱 /esp32post，前置「/」符號是必須

● Operation Type：URL 為 https://data.mongodb-api.com/app/
application-0-falip/endpoint/esp32post，提供用戶端連上資料庫伺
服器，會用在 ESP32 程式

● HTTP 方法：POST

● 顯示回傳結果（Response With Result）：啟用 ON

● 設定回傳資料格式：JSON 或 EJSON（Extended JSON），採用
JSON

● APP 函式：名稱為 postData，程式在後面說明

● 驗證設定：勾選無須額外驗證（No Additional Authentication）

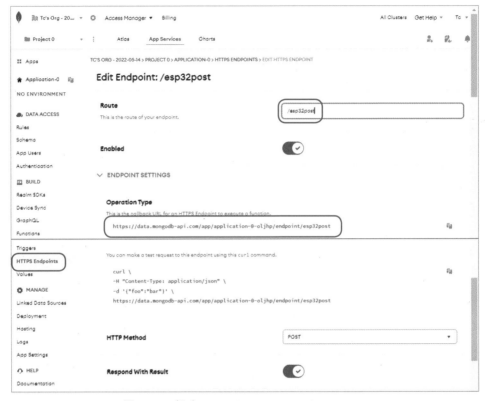

圖 7.36　設定 HTTPS Endpoint：/esp32post

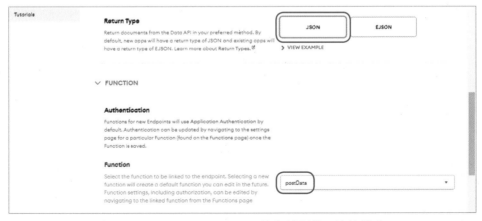

圖 7.37　HTTPS Endpoint 回傳資料型態、連結函式

圖 7.38　驗證設定

點擊「Save Draft」，儲存 APP。

➤ /esp32get：提供 HTTP GET 方法瀏覽資料庫

- 設定路由（Route）：名稱 /esp32get

- Operation Type：URL 為 https://data.mongodb-api.com/app/ application-0-oljhp/endpoint/esp32get，提供用戶端連上資料庫伺服器瀏覽資料

- HTTP 方法：GET

- 顯示回傳結果（Response With Result）：啟用 ON

- 設定回傳資料格式：JSON 或 EJSON（Extended JSON），採用 JSON

- APP 函式：名稱為 getData，程式在後面說明

- 驗證設定：勾選無須額外驗證（No Additional Authentication）

圖 7.39 HTTPS Endpoints 設定：/esp32get

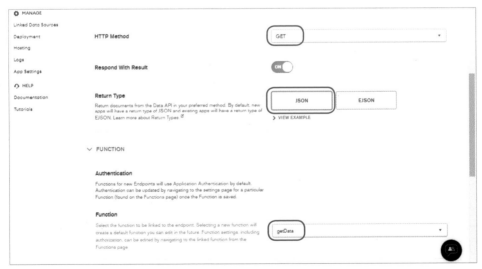

圖 7.40 設定 HTTP 方法、回傳型態、連結函式

(3) 建立函式：點擊左側選單 Functions > Actions >「…」> Edit function，
開始編輯 JavaScript 程式，系統會產生程式模板，可根據模板修改以符
合需求，針對前面提到 2 個函式說明

> postData 函式

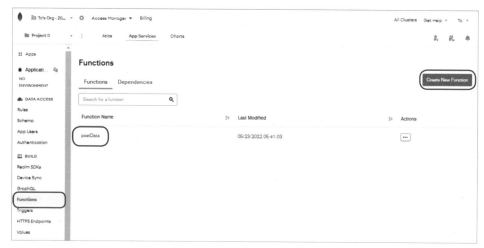

圖 7.41　連結函式設定

圖 7.42　函式編輯

> 程式說明

- 輸入參數有 query、headers、body，回應參數為 response
- body 為用戶端請求訊息，利用 JSON.parse 轉成 JSON 資料格式
- password：比對密碼是否相符，符合者才准予寫入資料庫
- 新物件 newObj，2 對「關鍵詞 - 值」，分別為溫度、濕度
- .get：連結 "mongodb-atlas"
- .db：資料庫名稱 myDB
- .collection：集合名稱 myCollection
- .insertOne：將 JSON 物件 newObj 加入資料庫

```
exports = function({query, headers, body}, response) {
    const newBody = JSON.parse(body.text());
    const myPassword = "46101222";
    const password = newBody.password;
    const newObj = {
      "temp": newBody.temp,
      "humi": newBody.humi,
    }
    if (password == myPassword) {
       const doc = context.services.get("mongodb-atlas").
db("myDB").collection("myCollection").insertOne(newObj);
    }
    else {
      return "Not a valid user";
    }
    return newObj;
};
```

> 驗證設定：編輯完程式，切換至 Settings 頁籤，驗證方式
> （Authentication），點選「System」，簡化作業毋須驗證。**若未設定，
> 將無法正確執行。**

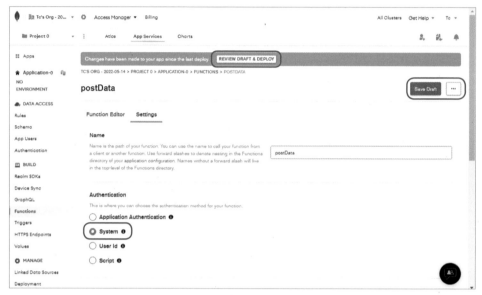

圖 7.43　驗證設定

➤ getData：編輯、設定步驟與 postData 相同

圖 7.44　函式編輯：getData

➤ 程式說明：參數均未用到

- .get：連結 "mongodb-atlas"

- .db：資料庫名稱 myDB

- .collection：集合名稱 myCollection

- .find：搜尋資料庫
- .sort（{_id:-1}）：按 id 由大至小排序（由新至舊資料）.
- .limit(10)：取 10 筆資料

```
exports = function({ query, headers, body}, response) {
    const doc = context.services.get("mongodb-atlas").
db("myDB").collection("myCollection").find().sort({_id:-
1}).limit(10);
    return  doc;
};
```

(4) 部署：完成設定後點擊「Save Draft」，再點擊「REVIEW DRAFT & DEPLEY」
部署 APP。

完成部署，複製 URL，黏貼至 ESP32 程式。

例題 7.3

將例題 7.1 房間溫濕度資料儲存在 MongoDB 資料庫。

📶 範例程式

本程式係根據 https://randomnerdtutorials.com/esp32-http-get-post-arduino/ 修
改而成，連結 HTTP Endpoint：/esp32post，運用 HTTP POST 方法更新資料庫。

01 內含函式庫

- WiFi.h：無線網路
- HTTPClient.h：用於實作 HTTP POST 方法
- DHT.h：DHT 溫濕度感測模組

02 宣告變數

- ssid：無線網路網域名稱
- password：無線網路密碼

- endPoint：MongoDB App Services 開發平台佈署 APP 所取得的 URL，本例為 "https://data.mongodb-api.com/app/application-0-falip/endpoint/esp32post"

03 dht_measure 函式：與例題 6.4 相同。

04 http_update 函式

- 建立 HTTPClient 物件 http

- http.begin：連結 MongoDB 資料庫網頁伺服器

- http.addHeader（"Content-Type", "application/json"）：設定傳送資料內容為 JSON 資料格式

- 組成 HTTP POST 資料，格式為 **"{\"temp\": 溫度值 , \"humi\": 濕度值 , \"password\": 密碼 }"**；「"」前須置跳脫字元「\」。String 物件的 concat 函式串接字串

- http.POST：傳送溫濕度資料更新網頁內容

- http.getString：網頁伺服器回傳資料

05 setup 部分

- 呼叫 initWiFi 連接無線網路

- dht.begin：啟動 DHT 溫濕度感測模組

06 loop 部分：每隔 15s 執行一次。

```
#include <WiFi.h>
#include <HTTPClient.h>
#include <DHT.h>
#define DHTPIN 17
#define DHTTYPE DHT11
const char* ssid =  ur_ssid;
const char* password = ur_password;
String EndPoint = "https://data.mongodb-api.com/app/application-0-
oljhp/endpoint/esp32post";
int readout_len = 5;
const char* data_format = "%5.1f";
```

```
const unsigned long lastingInterval = 15L * 1000L;
unsigned long lastConnectTime = 0L;
DHT dht(DHTPIN, DHTTYPE);
void dht_measure(char *, char *);
void http_update(char *, char *);
WiFiClient espClient;
void initWiFi() {
  ...
}
void setup() {
  Serial.begin(115200);
  WiFi.mode(WIFI_STA);
  WiFi.disconnect();
  delay(100);
  initWiFi();
  dht.begin();
}
void loop() {
  if ((millis() - lastConnectTime) > lastingInterval) {
    if(WiFi.status()== WL_CONNECTED){
      char msg1[readout_len]="";
      char msg2[readout_len]="";
      dht_measure(msg1, msg2);
      http_update(msg1, msg2);
    }
    else {
      Serial.println("WiFi Disconnected");
    }
    lastConnectTime = millis();
  }
}
void dht_measure(char *msg1, char *msg2) {
  ...
}
void http_update(char *msg1, char *msg2) {
  HTTPClient http;
  http.begin(EndPoint.c_str());
  http.addHeader("Content-Type", "application/json");
  String temp = "{\"temp\":";
  String humi = ", \"humi\":";
```

```
String pw = ", \"password\":";
temp.concat(msg1);
humi.concat(msg2);
pw.concat(password);
pw.concat("}");
temp.concat(humi.c_str());
temp.concat(pw.c_str());
Serial.println(temp);
int httpResponseCode = http.POST(temp);
if (httpResponseCode > 0) {
  Serial.print("HTTP Response code: ");
  Serial.println(httpResponseCode);
  String payload = http.getString();
  Serial.println(payload);
}
else {
  Serial.print("Error code: ");
  Serial.println(httpResponseCode);
}
http.end();
}
```

07 執行情形：打開 MongoDB > myDB.myCollection，檢視更新後資料。

例題 7.4

以 Node-RED 的 http request 結點讀取最近 10 筆儲存在 MongoDB 資料庫溫濕度資料，並顯示在儀表板的 chart 圖表。

🛜 Node-RED 流程

利用 http request 結點連接 MongoDB 雲端資料庫，連結 HTTP Endpoint，以 HTTP GET 方法讀取資料庫的溫濕度，圖表 chart 結點呈現由最近 10 筆溫度與濕度值。

01 流程規劃：1 個 inject、1 個 http request、1 個 function、1 個 chart 結點，如圖 7.45。

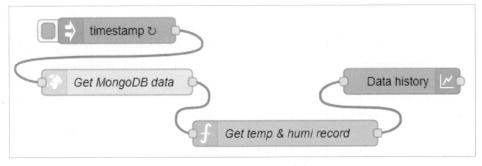

圖 7.45　Node-RED 流程

02 結點說明

■ inject：點擊後啟動流程，間隔 15s 啟動一次，輸出型式為「a parsed JSON object」

■ http request：名稱為 Get MongoDB data，Method 設為 GET，URL 為 https://data.mongodb-api.com/app/application-0-oljhp/endpoint/esp32get

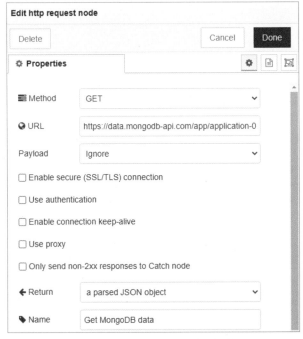

圖 7.46　http request 結點編輯

■ function：名稱 Get temp & humi record，組成 2 條折線圖表數據，msg.
payload 為前 http request 結點輸出資料，x 軸為時間、y 軸分別為溫度、濕
度值（da1、da2），索引值越低數據越新，所以須反向調整組成座標點陣列

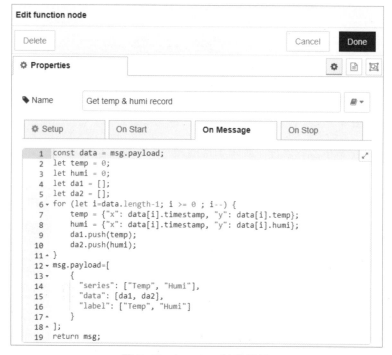

圖 7.47　function 結點編輯

■ chart：設定折線圖形式

◆ Type：Line chart

◆ X-axis Label：點選 HH:mm:ss

◆ Legend：Show

◆ Interpolate：linear

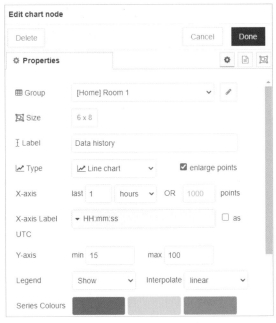

圖 7.48　chart 結點編輯

03 使用者介面：如圖 7.49，呈現資料庫最新 10 筆溫濕度值，短時間變化不大。

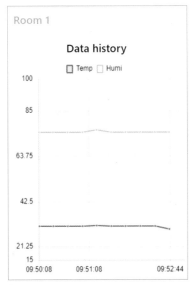

圖 7.49　使用者介面

7.1 ESP32 每間隔 15s 發布一個介於 15 ～ 35 隨機數模擬溫度，以 MQTT 通訊方式將資料發布至 HiveMQ MQTT 伺服器。同時，利用 Node-RED 的 MQTT 結點連接 HiveMQ MQTT 伺服器，讀取模擬溫度值，再將資料儲存至本機 MySQL 資料庫。

7.2 重做習題 7.1，將資料儲存至 Heroku ClearDB MySQL 資料庫。

7.3 重做習題 7.1，將資料儲存至 MongoDB 資料庫。

7.4 續習題 7.3，以 Node-RED 的 http request 結點讀取最近 10 筆儲存在 MongoDB 資料庫模擬溫度資料，並顯示在儀表板的 chart 圖表。

MEMO

MEMO

08

Chapter

Cloud 6：
AWS

第 6 朵雲 AWS，AWS 為 Amazon Web Services 頭字語，是一個雲端服務平台，官網 https://aws.amazon.com/tw/，其中 IoT Core 服務將運用在物聯網的建立，DynamoDB 用在儲存物聯網資訊：

- IoT Core 強調通訊安全，需有驗證碼才可以連上 MQTT 伺服器
- DynamoDB 是 NoSQL 資料庫管理系統
- 整合 IoT Core 與 DynamoDB，毋須跨不同的平台即可建立一個集合發布、訂閱、儲存訊息等功能的物聯網

整體而言，AWS 是一個相當不錯的雲端服務平台，讀者依循本章所提的步驟，即可有效地運用 AWS IoT Core 與 DynamoDB 相關的資源。AWS 提供相當多樣的服務，有些免費、有些則須付費，請讀者自行評估。本章所提的方式是眾多服務中的一部分，這些服務筆者已測試多次，在書中會註明何者免費、何者須付費，讀者可以評估採用。

8.1 AWS IoT Core

運用 AWS IoT Core，使用者裝置可以連結雲端伺服器，它提供 MQTT、HTTPS 等通訊協定，透過身分驗證、資料加密可以確保資訊安全。(參考資料：https://aws.amazon.com/tw/iot-core/)

1. 登入 AWS 官網，註冊。勾選 Root user，可以 Google 帳號註冊，會要求輸入信用卡號，除非使用非免費服務項目，否則不會計費。

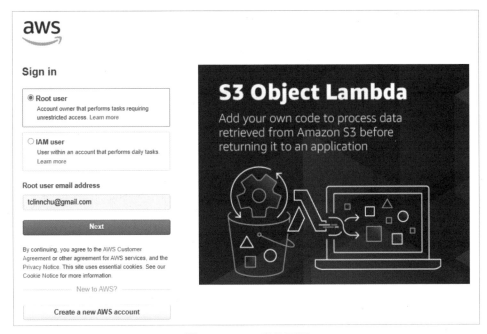

圖 8.1　AWS 登入頁面

2. 登入帳號後，搜尋 iot，點擊 IoT Core，選擇伺服器位置，點擊 Hong Kong。

圖 8.2　搜尋 IoT Core 服務

圖 8.3　AWS IoT Core 頁面

3. **IoT Core 使用方案**：根據 2022 年 11 月 7 日網站資料

◆ 免費方案：免費期間 12 個月，每個月 225 萬連接分鐘、50 萬則訊息，超出須付費，通常大量傳輸才會超出免費門檻

◆ 計費方式：分連線時間與訊息量兩項計費方式

➢ 根據裝置連接到 AWS IoT Core 的總時間，每百萬分鐘 0.096 美元

➢ 每百萬則訊息 1.20 美元，超出門檻價格會更低

它的計費方式相當多樣，相關資料隨時可能會調整。AWS 提供定價計算工具，讀者可以根據需求選定方案，詳細內容請參閱 AWS 網站相關說明。根據物聯網啟用的狀態掌握資料傳輸量，例如：若每個 ESP32 每 15s 傳送一筆溫濕度資料，一天下來就會有 5760 筆資料，如果多個 ESP32 同時運作，很快就會超出 AWS 免費方案的門檻，也將會收到帳單；請在未進行測試時關閉物聯網，以避免非必要支出。先讓用戶熟悉系統，接著再根據使用量付費，是 AWS 的經營策略。

4. 新增「物」：點擊側邊選單 Manage > All devices > Things > Create things，
新增 Things，如圖 8.4。

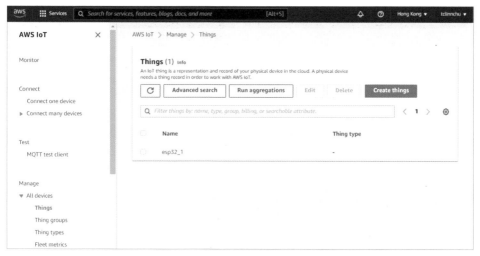

圖 8.4　新增 Thing

(1) 新增單一物聯網：點擊「Create single thing」，如圖 8.5。

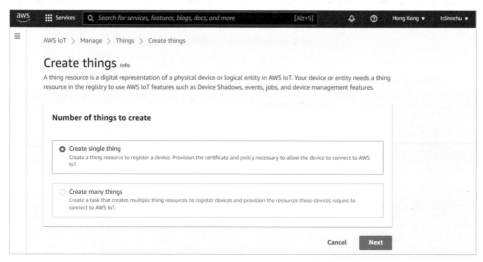

圖 8.5　Create single thing

(2) 建立物聯網步驟

　　➤　步驟 1：描述物名稱、屬性

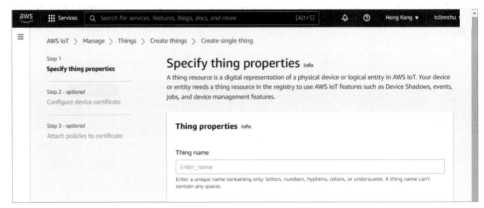

圖 8.6　物的屬性

　　➤　步驟 2：配置裝置驗證碼，選「Auto-generate a new certificate（recommended）」自動產生驗證碼，如圖 8.7

圖 8.7　自動產生驗證碼

➤ 步驟 3：綁定權限原則（policy）

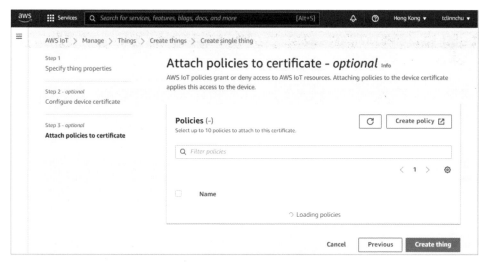

圖 8.8　綁定權限原則

● 產生權限原則：給予適當名稱，如圖 8.9

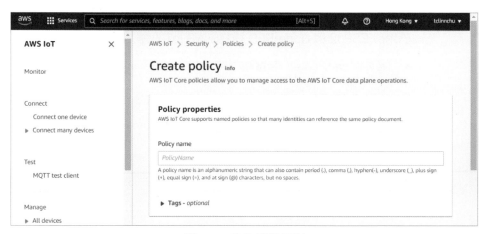

圖 8.9　產生權限原則

- 設定 Policy action 與 Policy resources，皆設為「*」，開放所有動作、資源使用權限

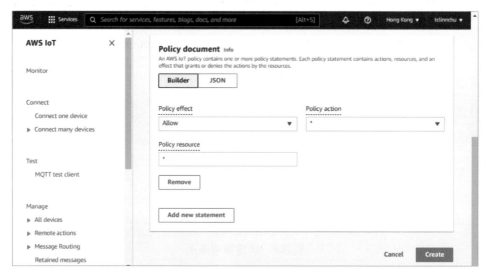

圖 8.10　權限原則設定

> 點擊圖 8.8「Create thing」，產生驗證碼，如圖 8.11，其中 3 組驗證碼用於 ESP32 與 Node-RED 連結 AWS IoT 伺服器，分別下載儲存

- Device certificate：裝置驗證碼

- Private key file：私人金鑰

- Root CA certificates：AWS 授權驗證碼，選「RSA 2048 bit key: Amazon Root CA 1」

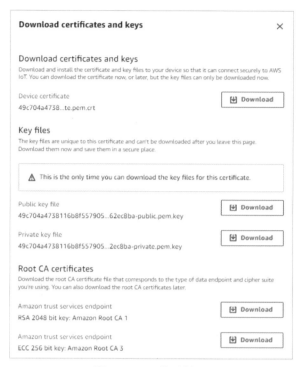

圖 8.11　下載驗證碼

(3) MQTT 伺服器 URL：點擊 AWS IoT 側邊選單 Settings，複製 Endpoint 內容，如圖 8.12，在 ESP32 程式與 Node-RED 流程會用到。

圖 8.12　AWS MQTT 伺服器網址

例題 8.1

利用 ESP32 搭配 DHT11 溫濕度感測模組與 3 個 LED，將溫濕度發布至 AWS IoT MQTT 伺服器，再以 Node-RED 流程訂閱溫濕度並顯示在儀表板上，同時可以控制 ESP32 的 3 個 LED。

電路布置

01 DHT11 訊號線接 GPIO17。

02 3 個 LED 連接 GPIO19、GPIO18、GPIO5，利用 Node-RED 儀表板的 switch 控制。

範例程式

程式係參考 https://how2electronics.com/connecting-esp32-to-amazon-aws-iot-core-using-mqtt/ 資料修改而成。

01 內含函式庫

■ credential.h：放置 AWS IoT Core 下載的驗證碼

■ WiFiClientSecure.h：用於 TSL（SSL）安全無線連網

■ PubSubClient.h：MQTT 模組

■ DHT.h：DHT 溫濕度感測模組

■ ESPDateTime.h：取得日期、時間字串，函式庫下載網站 https://github.com/mcxiaoke/ESPDateTime

02 常數、變數宣告

■ Thing_name：在 AWS IoT Core 所建立物聯網的名稱

■ AWS_endpoint：自 AWS IoT Core 取得的伺服器 URL，本例為 "a3dx7os0lz4y1u-ats.iot.ap-northeast-1.amazonaws.com"

■ topic1：發布主題，"temp_humi"

■ topic2：訂閱主題，"cmd"

03 initWiFi 函式：與例題 3.1 相同。

04 connect_AWS 函式：連接 AWS IoT 的 MQTT 伺服器。

05 callback 函式：收到訊息執行的回呼函式，當收到開關控制指令時，依據指令輸出數位訊號。

06 dht_measure 函式：與例題 6.4 相同。

07 mqtt_pub 函式：發布 MQTT 訊息。

08 setup 部分

■ 呼叫 initWiFi 連接無線網路

■ connect_AWS：連結 AWS IoT 伺服器

■ dht.begin：啟動 DHT 溫濕度感測模組

■ setupDateTime：連結 NTP 時間伺服器，啟動日期與時間

09 loop 部分：每隔 15s 執行一次

■ 確認 AWS IoT 伺服器連線正常

■ 呼叫 dht_measure 讀取溫濕度值

■ 呼叫 mqtt_pub，組成並發布 MQTT 訊息，格式為 **{\"date_time\"：日期時間,\"temp\": 溫度值 , \"humi\": 濕度值 }**；「"」前須置跳脫字元「\」

■ concat 函式串接字串

```
#include "credential.h"
#include <WiFiClientSecure.h>
#include <PubSubClient.h>
#include <WiFi.h>
#include <DHT.h>
#include <ESPDateTime.h>
```

```
#define Thing_name "esp32_1"
#define DHTPIN 17
#define DHTTYPE DHT11
const char *ssid = ur_ssid;
const char *password = ur_password;
const char AWS_endpoint[] = "a3dx7os0lz4y1u-ats.iot.ap-east-1.
amazonaws.com";
const char* topic1 = "temp_humi_topic";
const char* topic2 = "cmd";
void dht_measure(char *, char *);
void callback(char*, byte*, unsigned int);
void mqtt_pub(char*, char*);
void setupDateTime();
DHT dht(DHTPIN, DHTTYPE);
WiFiClientSecure esp32 = WiFiClientSecure();
PubSubClient client_AWS(esp32);
uint8_t led[3] = {19, 18, 5};
int readout_len = 5;
const char* data_format = "%5.1f";
const unsigned long lastingInterval = 15L * 1000L;
unsigned long lastConnectTime = 0L;

void initWiFi() {
  ...
}

void connect_AWS() {
  esp32.setCACert(AWS_cert_ca);
  esp32.setCertificate(AWS_cert_crt);
  esp32.setPrivateKey(AWS_cert_private);
  client_AWS.setServer(AWS_endpoint, 8883);
  client_AWS.setCallback(callback);
  Serial.println("Connecting to AWS IoT");
  while (!client_AWS.connect(Thing_name)) {
    Serial.print(".");
    delay(100);
  }
```

```
  if (!client_AWS.connected()) {
    Serial.println("AWS IoT Timeout!");
    return;
  }
  client_AWS.subscribe(topic1);
  client_AWS.subscribe(topic2);
  Serial.println("AWS IoT Connected!");
}

void callback(char* topic, byte* payload, unsigned int length) {
  String msg = "";
  for (int i = 0; i < length; i++) msg += (char) payload[i];
  Serial.println("Message arrived: " + String(topic) + "/" + msg);
  if (strcmp(topic, topic2) != 0) return;
  for (int i = 0; i < length/2; i++) {
    unsigned int sw = payload[i*2];
    unsigned int cmd = payload[i*2 + 1];
    Serial.print(sw);
    Serial.print("/");
    Serial.println(cmd);
    if (cmd == 49) {
      digitalWrite(led[sw - 48], HIGH);
    }
    else {
      digitalWrite(led[sw - 48], LOW);
    }
  }
}
void setup() {
  Serial.begin(115200);
  for (int i = 0; i < 3; i++) {
    pinMode(led[i], OUTPUT);
    digitalWrite(led[i], LOW);
  }
  WiFi.mode(WIFI_STA);
  WiFi.disconnect();
  delay(100);
```

```
  initWiFi();
  connect_AWS();
  dht.begin();
  setupDateTime();
}
void reconnect() {
  while (!client_AWS.connected()) {
    if (client_AWS.connect(Thing_name)) {
      Serial.println("connected");
      client_AWS.subscribe(topic2);
    } else {
      Serial.println("Try again in 5 seconds");
      delay(5000);
    }
  }
}
void loop() {
   if (!client_AWS.connected()) {
    reconnect();
  }
  client_AWS.loop();
  if ((millis() - lastConnectTime) > lastingInterval) {
  if(WiFi.status()== WL_CONNECTED){
    char msg1[readout_len]="";
    char msg2[readout_len]="";
    dht_measure(msg1, msg2);
    mqtt_pub(msg1, msg2);
  }
  else {
    Serial.println("WiFi Disconnected");
  }
  lastConnectTime = millis();
  }
}
void dht_measure(char *msg1, char *msg2) {
  ...
}
```

```
void mqtt_pub(char *msg1, char *msg2) {
  String date_time = "{\"date_time\":\"";
  String temp = "\", \"temp\":";
  String humi = ", \"humi\":";
  date_time.concat(DateTime.toISOString().c_str());
  temp.concat(msg1);
  humi.concat(msg2);
  humi.concat("}");
  date_time.concat(temp.c_str());
  date_time.concat(humi.c_str());
  Serial.println(date_time);
  client_AWS.publish(topic1, date_time.c_str());
}
void setupDateTime() {
  DateTime.setServer("asia.pool.ntp.org");
  DateTime.setTimeZone("CST-8");
  DateTime.begin();
  if (!DateTime.isTimeValid()) {
    Serial.println("Failed to get time from server.");
  } else {
    Serial.printf("Date/time is %s\n", DateTime.toISOString().c_
str());
  }
}
```

credential.h：請複製 AWS IoT Core 建立 Thing 所取得的驗證碼黏貼至 ***** 。

```
#include <pgmspace.h>
#define SECRET
// Amazon Root CA 1
static const char AWS_cert_ca[] PROGMEM = R"EOF(
-----BEGIN CERTIFICATE-----
*****
-----END CERTIFICATE-----
)EOF";
// Device Certificate                          //change this
```

```
static const char AWS_cert_crt[] PROGMEM = R"KEY(
-----BEGIN CERTIFICATE-----
*****
-----END CERTIFICATE-----
)KEY";
// Device Private Key                              //change this
static const char AWS_cert_private[] PROGMEM = R"KEY(
-----BEGIN RSA PRIVATE KEY-----
*****
-----END RSA PRIVATE KEY-----
)KEY";
```

📶 Node-RED 流程

利用 MQTT 結點訂閱溫濕度主題 temp_humi_topic，指針式儀表 gauge 結點分別
呈現由 ESP32 發布的溫度與濕度值，也發布 cmd 主題作為控制 LED 訊息。流程
如圖 8.13，分成 2 個部分：

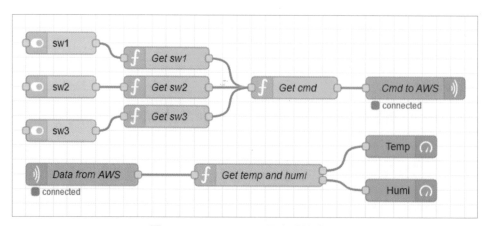

圖 8.13 Node-RED 環境監控流程

01 組成控制 LED 開關指令字串：使用 3 個 switch、4 個 function、1 個 mqtt
out 結點，其中 switch 結點編輯與例題 4.3 相同。

■ mqtt out 結點：名稱為 Cmd to AWS，連接 AWS IoT 伺服器，主題為 cmd，
如圖 8.14，點擊紅框編輯伺服器設定

◆ 設定伺服器：名稱為 AWS IoT，進入 Connection 頁籤如圖 8.15，伺服器
為 AWS IoT Core 產生的 URL，埠號 8883

◆ 上傳驗證碼：勾選 Use TLS，上傳之前下載的 3 個驗證碼檔案，分別為
Certificate、Private Key、與 CA Certificate，如圖 8.16

◆ Protocol：勾選 MQTT V3.1.1

註：同一流程其他 mqtt 結點設定，會隨之更改。

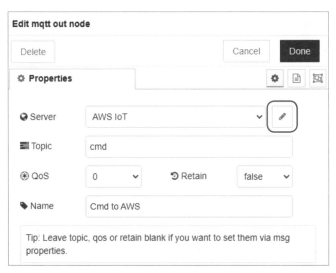

圖 8.14　mqtt out 結點編輯

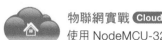

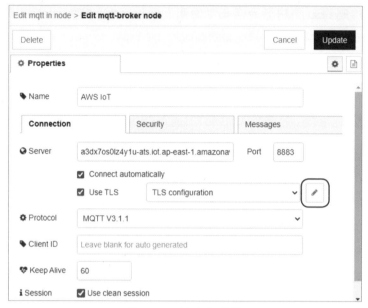

圖 8.15　設定伺服器

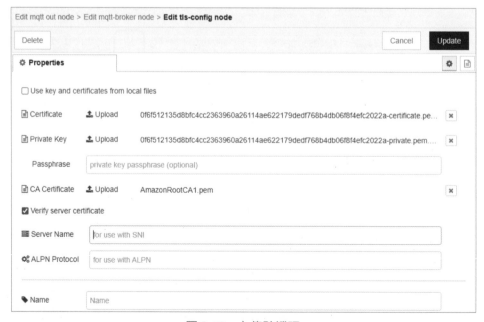

圖 8.16　上傳驗證碼

■ function 結點：

◆ Get sw1、sw2、sw3：取得 switch 編號（0、1、2）與狀態（0、1），例如："01" 表示按下 sw1

圖 8.17　function 結點編輯：Get sw1

◆ Get cmd：組合 3 個 switch 狀態，LED 初始狀態都是暗

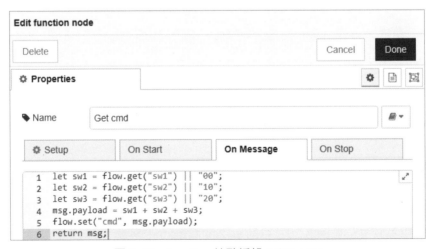

圖 8.18　function 結點編輯：Get cmd

[02] 讀取溫度與濕度值：mqtt in 結點訂閱 temp_humi_topic 主題，MQTT 伺服器
與 mqtt out 結點相同，即 AWS IoT，利用 function 設定 flow 變數 temp，指
針式儀表 gauge 結點顯示溫度。

■ function 結點：讀取溫濕度值

圖 8.19　function 結點編輯：Get temp and humi

◆ 輸入 msg.payload 為 JSON 物件

◆ 輸出 2 個訊息，payload 分別為 temp 值、humi 值

```
const temp = msg.payload;
msg1 = {};
msg2 = {};
msg1.payload = temp['temp'];
msg2.payload = temp['humi'];
return [msg1, msg2];
```

[03] 使用者介面：如圖 8.20，目前 sw2 開關是 on、其餘 off，溫度 28.4℃、濕
度 68.3%。

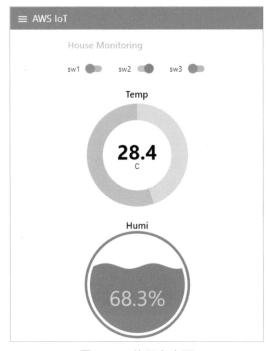

圖 8.20　使用者介面

8.2　AWS DynamoDB

DynamoDB 是 AWS 資料庫管理系統，它與 MongoDB 相同，都是 NoSQL 資料庫系統，只是使用不同專有名詞。

1. DynamoDB 資料庫由資料表（table）組成，資料表由項目（item）組成，每一個項目由屬性（attribute）組成，通常屬性由「關鍵詞：值」對組成，屬性可以依據需求增加，每筆資料屬性亦可不同。其中有兩屬性：Partition key 與 Sort key，為主要索引，兩者組合需唯一，前者屬性相同者會集中在同一區域，後者則為排序時用到（選配）。

2. 使用 DynamoDB 應注意事項：**25 GB 資料儲存量是永遠免費**，儲存空間超出 25 GB，每 GB 計費 0.25 美元。

以例題說明如何建立 DynamoDB 資料庫。

例題 8.2

利用 AWS DynamoDB 資料庫管理系統建立溫濕度資料庫，其中資料表（table）名稱為 temp_humi_table、每筆資料（item）需有日期時間（date_time）、溫度值（temp）、濕度值（humi），日期時間資料型態為 string，溫濕度值資料型態為 number，建立完成後以手動輸入 2 筆資料，資料如表 8.1。

表 8.1　AWS DynamoDB 資料表

date_time (Partion key)	temp	humi
2022-10-05 06:00:33	28.5	65.5
2022-10-05 07:01:50	29.1	68.0

📶 解決方案

01 登入 AWS，選伺服器位置 Hong Kong，DynamoDB > Tables > Create table，建立 temp_humi_table 資料表，Partition key 為 date_time，資料型態為 String，其餘維持初始設定，如圖 8.21。

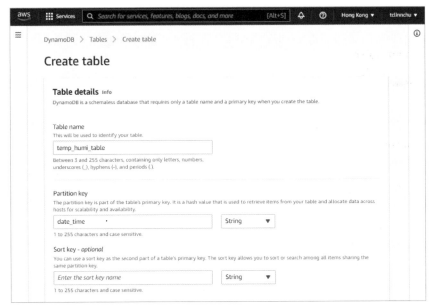

圖 8.21　新增資料表

02 新增資料：點擊 temp_humi_table 新增資料項目，如圖 8.22，點擊 Actions
> Create item > Add new attribute，新增 temp、humi 屬性，資料型態均為
Number，手動輸入 2 筆資料。

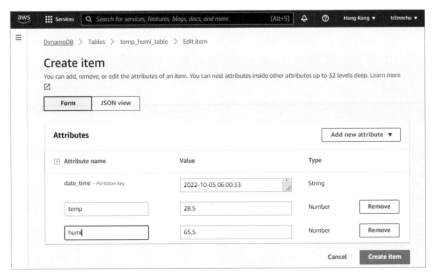

圖 8.22　新增項目

檢視資料表，如圖 8.23。

圖 8.23　檢視資料表

8.3　**AWS IoT Core 與 DynamoDB 整合應用**

AWS IoT Core 與 DynamoDB 整合，物聯網資料發布至 AWS IoT MQTT 伺服器，同步連結至 DynamoDB 資料庫，更新資料表內容，免除跨越不同平台的繁瑣步驟，可以讓物聯網建立簡化許多，惟這部分需在 AWS 完成各項設定，才可以運作正常。

將 AWS IoT 的訊息儲存至 DynamoDB 資料庫，必須建立訊息路由（message routing）規則：

- 解析 AWS IoT 接收到訊息
- 運用 SQL 陳述讀取資料
- 資料插入（INSERT）資料庫

點擊側邊選單 AWS IoT > Message Routing 建立規則，共有 4 個設定步驟：

1. 設定規則屬性（**Specify rule properties**）：給予適當規則名稱，本例 esp32
   _rule，可以稍加描述規則特性，如圖 8.24。

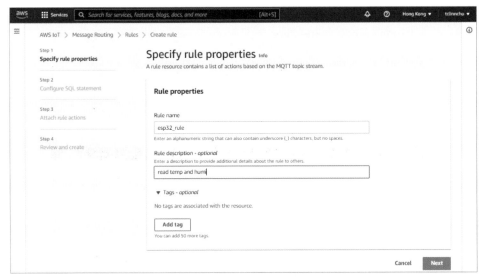

圖 8.24　設定規則屬性

2. 配置 SQL 陳述（**Configure SQL statement**）：本例從 ESP32 發布訊息主
   題 temp_humi_topic 取得溫度值、濕度值，即 SELECT temp, humi FROM
   "temp_humi_topic"，主題需雙引號，如圖 8.25。

圖 8.25　配置 SQL 陳述

3.　綁定行動規則（**Attach rule actions**）：如圖 8.26

◆ 點選 DynamoDB2，點擊 Create DynamoDB table 新增資料表，資料表
temp_humi_table

➢ Partition key：date_time

➢ Partition value：${date_time}，取出 date_time 值

➢ Write message data to this column：temp_humi

➢ Operation：INSERT

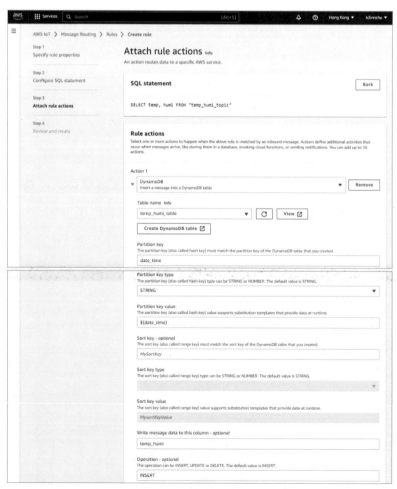

圖 8.26　綁定行動規則

◆ 選定或新增角色（role），本例為 esp32_role，如圖 8.27

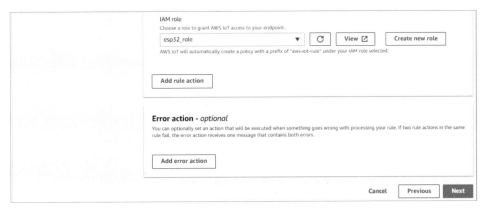

圖 8.27　規則角色選定

4. 檢視規則，確認無誤後產生規則。

例題 8.3

房間設有 ESP32 搭配 DHT11 量測溫濕度，以 MQTT 通訊方式將房間溫濕度發布至 AWS IoT 伺服器，同步更新 DynamoDB 資料庫。

📶 範例程式

01 ESP32 程式如例題 8.1，毋須做任何更動。其中電燈控制部分在本例題未用到，請忽略。

02 依據 Message Routing 的 4 個步驟建立規則，即可同步更新 DynamoDB 資料庫的資料表 temp_humi_table。

03 檢視資料表 temp_humi_table 更新情形。

註：若出現資料表未更新資料，可能連結不正確，可以捨棄原資料表，重新於「綁定行動規則」中**新增資料表**。

8.4 利用 Node-RED 讀取 DynamoDB 資料

本節運用 Node-RED DynamoDB 結點連接 AWS DynamoDB 資料庫，進行資料讀寫作業。這部分需使用 IAM（Identity and Access Management）服務，完成以下兩項設定取得 AWS 資源的存取權：

- Policy（原則）：使用 AWS 資源權限

- User（用戶）：使用 AWS 資源的用戶，用戶需綁定權限「原則」

IAM 非免費項目，按事件量數計費，可至 AWS 網頁查詢計費方式。註：個人帳號點擊 Account > Bills 查看目前帳單明細。

1. 登入 AWS 帳號，搜尋 IAM，設定 AWS DynamoDB 資料庫的使用者，點擊如圖 8.28 側邊選單 IAM > Access management

圖 8.28　新增使用者

2. 建立原則：IAM > Access management > Policies > Create policy，如圖 8.29

- Service：DynamoDB

- Resources：勾選 All resources

- Policy 名稱為 tc_dynamodb_policy，如圖 8.30

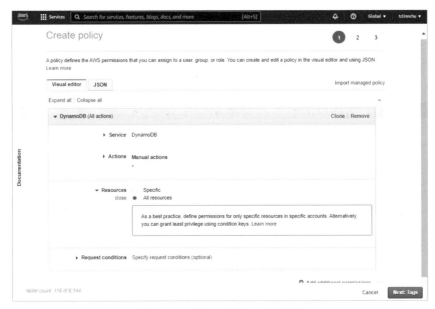

圖 8.29　設定使用 AWS 資源

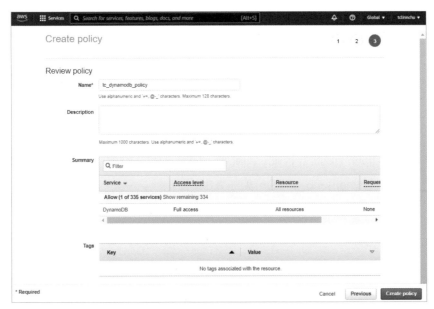

圖 8.30　檢視權限原則

3. 建立使用者：IAM > Access management > Users > Add user，如圖 8.31

◆ User name：tc_nodeRED

◆ Select AWS access type：勾選 Access key – Programmatic access

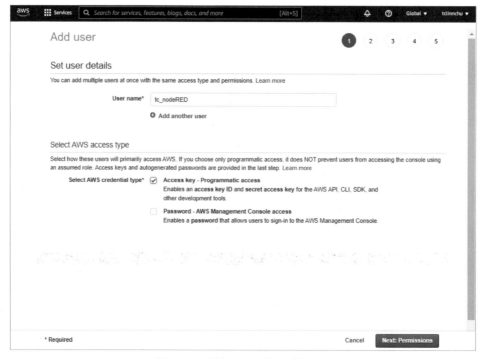

圖 8.31　增加 AWS 資源使用者

➤ Attach existing policy directly：如圖 8.32，點擊紅框，選先前建立的
tc_dynamodb_policy，如圖 8.32

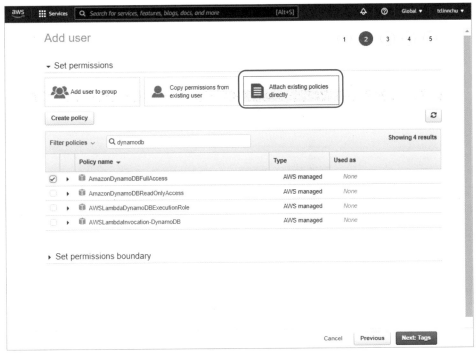

圖 8.32 用戶附上使用權限原則

> Summary：檢視使用者設定，如圖 8.33

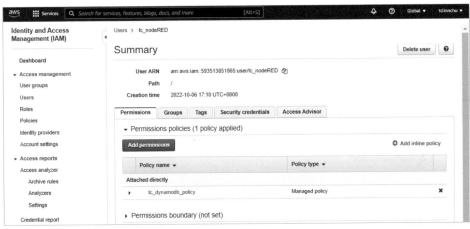

圖 8.33 檢視使用者設定

4. 取得 **Access key ID** 與 **Secret access key**：點擊 Security credentials 頁籤 > Create access key 產生存取金鑰，如圖 8.34，點擊 Download .csv file 下載備用，如圖 8.35。註：若未下載或遺失，需重新產生金鑰。

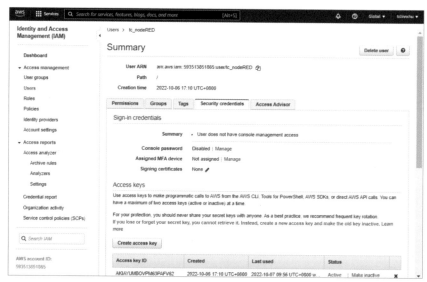

圖 8.34　產生存取金鑰

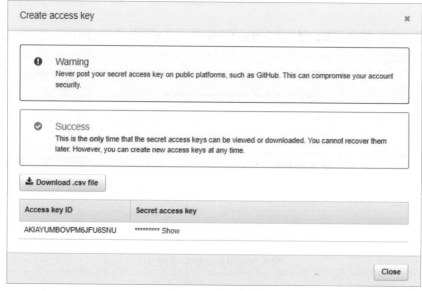

圖 8.35　存取金鑰

5. **Node-RED** 結點安裝：點擊 Manage Palette，安裝 node-red-contrib-aws 結點，此結點用於連結 AWS DynamoDB 資料庫。

以例題說明如何連結 AWS DynamoDB 資料庫。

例題 8.4

利用 Node-RED 流程連結例題 8.3 建立的 AWS DynamoDB 資料庫，讀取 temp_humi_table 資料表，顯示最高溫度發生的時間、溫度值、以及濕度值。

📶 Node-RED 流程

01 流程規劃：利用 AWS DynamoDB 結點連結 AWS 資料庫，流程還包括 1 個 inject、1 個 function、3 個文字框結點，如圖 8.36。

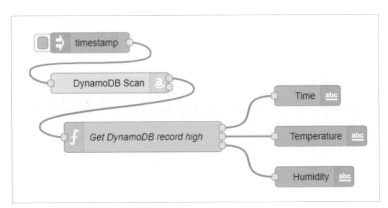

圖 8.36　顯示 AWS DynamoDB 資料流程

02 結點說明

■ AWS DynamoDB：Operation 選項，點選「Scan」，讀取全部資料表；TableName 為 AWS DynamoDB 資料表名稱，如圖 8.37，本例為 temp_humi_table，點擊紅框編輯 AWS DynamoDB 配置，如圖 8.38

◆ Region：本例為香港地區，區域碼為 ap-east-1

◆ Access Id：IAM 取得的用戶 User Id

◆ Secret key：IAM 取得的存取金鑰

這些資訊須正確才可以連上 DynamoDB 資料庫。

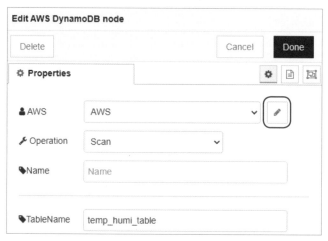

圖 8.37　AWS DynamoDB 結點編輯

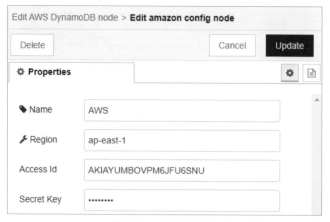

圖 8.38　帳號設定

◆ 資料表內容：經由此結點取得的訊息如圖，目前有 92 個項目，每一項目
為獨立物件，各有 date_time、temp_humi 等 2 個物件，temp_humi 的 M
物件由溫度與濕度物件構成，其中屬性 S 表示 String、N 表示 Number，
這些關鍵詞用於解析數值

```
msg.payload : Object
 ▼object
  ▼Items: array[92]
   ▼[0 … 9]
    ▼0: object
     ▼date_time: object
         S: "2022-10-
         06T14:39:58+0800"
     ▼temp_humi: object
      ▼M: object
       ▼humi: object
           N: "64"
       ▼temp: object
           N: "33.7"
```

圖 8.39　訊息內容

■ function：名稱為 Get DynamoDB record high，如圖 8.40，取得資料表中發生溫度最高的時間、溫度值、濕度值

```
Edit function node

Delete                                          Cancel    Done

⚙ Properties                              ⚙  📄  ▣

🏷 Name      Get DynamoDB record high              📖▾

⚙ Setup        On Start      On Message      On Stop

 1  let maxIndex = 0;
 2  let maxTemp = 0;
 3▾ for (let i = 0; i < msg.payload.ScannedCount; i++) {
 4▾     if (msg.payload.Items[i].temp_humi['M']['temp'].N > maxTemp) {
 5         maxTemp = msg.payload.Items[i].temp_humi['M']['temp'].N;
 6         maxIndex = i;
 7▴     }
 8▴ }
 9  msg1 = {};
10  msg1.payload = msg.payload.Items[maxIndex].date_time.S;
11  msg2 = {};
12  msg2.payload = msg.payload.Items[maxIndex].temp_humi['M']['temp'].N;
13  msg3 = {};
14  msg3.payload = msg.payload.Items[maxIndex].temp_humi['M']['humi'].N;
15  return [msg1, msg2, msg3];
```

圖 8.40　function 結點編輯：Get DynamoDB record high

◆ msg.payload.ScannedCount：資料表的項目總數

◆ msg.payload.Items[i].date_time.S：資料表第 i 項目 date_time 的字串值

◆ msg.payload.Items[i].temp_humi['M']['temp'].N：第 i 項目溫度值

◆ msg.payload.Items[i].temp_humi['M']['humi'].N：第 i 項目濕度值

◆ maxIndex：最高溫度值索引

◆ maxTemp：最高溫度值

◆ 3 個輸出訊息：時間、溫度值、濕度值

[03] 使用者介面：最高溫度值 34℃，發生時間在 2022-10-06 14:45:44，同時顯示濕度值 62%，如圖 8.41。

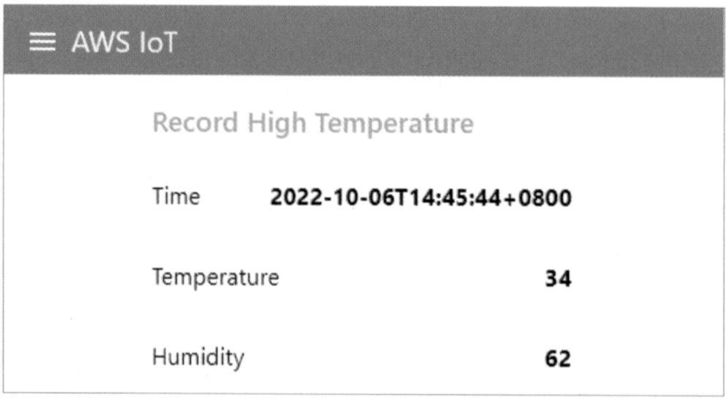

圖 8.41　使用者介面

8.1 利用 AWS IoT Core 建立物聯網（Thing），ESP32 每間隔 15s 發布一個介於 15 ～ 35 隨機數，再以 Node-RED 流程顯示該數值。

8.2 續習題 8.1，將發布時間與 15 ～ 35 隨機數資料儲存在 AWS DynamoDB。

8.3 續習題 8.2，利用 Node-RED 流程連結 AWS DynamoDB 資料表，找出最低溫度發生時間、溫度值、濕度值。

到目前為止,我們都使用 ESP32、WiFi、網際網路建立物聯網,這種方式只要在電力充足、WiFi 暢通的場域都可以正常運作。如果在沒有 WiFi 的場域,同時希望可以採用低能耗裝置,另一種方式是利用 LoRa(Long Range)裝置建立物聯網,再藉由 LoRa 閘道器(gateway)將資料上傳至網際網路。

LoRa 通訊使用 ISM(Industrial, Scientific, Medical)頻段,免付費、毋須申請,它的特色是低能耗、長距離傳送資料,但是限於傳送少量資料。它相當適合應用在電池供電、長期監控、資料量少、無 WiFi 的場域,例如:農田感測網路。

本書最後一部分將說明如何運用 LoRa 與 LoRaWAN,建立更多元的物聯網。LoRa 產品相當多樣,LoRa 收發器與微控制器連接方式互異,各有特色,讀者可以參考選用。本書使用的「LoRa 收發器 + 微控制器」有以下組合:

- REYAX RYLR896 + Arduino UNO
- REYAX RYLR896 + ESP32
- Ai-Thinker Ra-01H + Arduino Pro Mini
- HopeRF RFM95W + Arduino Pro Mini

MEMO

MEMO

09
Chapter

運用 LoRa
於物聯網

9.1　LoRa 收發器

9.2　建立 LoRa 感測網路

LoRa 裝置配合網際網路形成的物聯網示意如圖 9.1，圖左側全部為 LoRa 感測節點，獨立運作但彼此可以 LoRa 通訊，各感測節點將感測資料傳送至 LoRa 閘道器（gateway），閘道器將資料彙整後透過 WiFi 上傳至雲端伺服器。所謂「閘道器」，簡單來說即是一種網路節點用於連接兩個不同通訊協定的網路，在此指同時具備 LoRa 通訊與網際網路通訊功能的裝置。

圖 9.1　LoRa 感測網路

9.1　LoRa 收發器

LoRa（Long Range）為使用 chirp 展頻頻譜（chirp spread spectrum；CSS）的調變技術進行長距離通訊；CSS 利用寬帶線性頻率調變 chirp 脈衝對通訊資料編碼，其中 chirp 是 sine 波訊號，頻率隨時間遞增或遞減。（參考資料：https://en.wikipedia.org/wiki/Chirp_spread_spectrum）

簡單來說，LoRa 技術產生一種訊號

■　中心頻率，例如：923.2MHz

■　調變頻率範圍（頻寬），例如：125kHz

- 頻率隨著時間在調變範圍變化，例如：923.2MHz - 62.5kHz 至 923.2MHz + 62.5kHz 之間變化

- 不同頻率組合代表一個符號，每種符號代表一個字元資料

LoRa 調變技術涉及相當多專業知識，我們著重應用，僅以簡例說明它的基本原理。

📶 簡例

假設中心頻率為 923.2MHz，頻寬 125kHz，利用 8 個頻率組成符號（註：實際應用最少 128 個頻率 $[2^7=128$，其中 7 為擴頻因子（spreading factor；SF），有關 SF 在第 10 章說明]），如表 9.1。

表 9.1　頻率表

編號	頻率
0	923.2 – 4d
1	923.2 – 3d
2	923.2 – 2d
3	923.2 - d
4	923.2
5	923.2 + d
6	923.2 +2d
7	923.2 + 3d

其中 $d=\dfrac{125kHz}{8}$ 可以組成 8 種符號，如表 9.2，以符號 2 為例，開始訊號頻率 923.2 – 2d，很短時間切換至 923.2 – d，依序至 923.2 + 3d，接著切換至 923.2 – 4d、923.2 – 3d，完成一個符號的訊號傳送。

表 9.2　符號表

符號編號	頻率順序
0	0-1-2-3-4-5-6-7
1	1-2-3-4-5-6-7-0
2	2-3-4-5-6-7-0-1
3	3-4-5-6-7-0-1-2
4	4-5-6-7-0-1-2-3
5	5-6-7-0-1-2-3-4
6	6-7-0-1-2-3-4-5
7	7-0-1-2-3-4-5-6

另外，頻率遞增順序為 0-1-2-3-4-5-6-7 的訊號稱為 up-chirp；反過來頻率遞減順序 7-6-5-4-3-2-1-0 稱為 down-chirp。每個符號有 8 個頻率，由 8 個 chip 組成。

LoRa 在世界各地使用的頻段不同，例如：868MHz（歐洲）、915MHz（北美、澳大利亞）、923MHz（亞洲）等，這些頻段不需經過申請即可使用。（參考資料：https://zh.m.wikipedia.org/zh-tw/LoRa）LoRa 模組可發送訊號，也可以接收訊號，稱為收發器（transceiver）。

本章介紹的 LoRa 模組為 RYLR896，台灣 REYAX 愛坦科技公司出品，它的主要規格：

- 典型使用頻率 868MHz 與 915MHz，可以調整頻率範圍為 862 ～ 1020MHz，涵蓋台灣使用的頻率 923 ～ 925MHz

- 訊號傳輸距離最遠可達 15km

- 接收訊號敏感度為 -148dBm（負值）

  - dB：dB 為 decibel 的符號，它是相對功率的單位，定義為，$10\log_{10}\dfrac{P_{out}}{P_{in}}$，$P_{in}$ 為輸入訊號功率或參考功率；P_{out} 為輸出訊號功率

  - dBm：當輸入訊號功率 1mW 時，輸出訊號功率即為多少 dBm，它是絕對數值（參考資料：https://en.wikipedia.org/wiki/Decibel）

◆ dBm 值越低越好，表示訊號連結預算（link budget）越多，允許較多訊號衰減

■ 發送訊號為 -4 ～ 15dBm

■ 能耗數據：傳輸訊號電流 43mA，接收訊號電流 16.5mA，休眠電流 0.5μA

■ Baud 率：可達 115200bps，8 個資料位元（data bit）、無同位位元（parity bit）（亦稱奇偶校驗位元）、1 個停止位元（stop bit）

RYLR896 內設 SX1276 LoRa 引擎，SX1276 是 SEMTECH 公司（https://www.semtech.com/）的晶片，頻段範圍為 137 ～ 1020MHz，LoRa 模組可以調整至特定頻段。

RYLR896 主要特色是它提供 AT 指令透過 UART 介面與微控制器溝通傳遞訊息，操作相當簡單，筆者認為它是 LoRa 收發器入門首選，RYLR896 官網 https://reyax.com//products/RYLR896。先利用 AT 指令設定 RYLR896，下一節再說明如何建立 LoRa 網路。

1. **AT** 指令

   AT 指令以字串形式：AT+ 指令，全部**大寫英文字母**，附加？表示查詢，附加 = 設定值表示設定參數，每一指令以 "\r\n" 結束，指令有

   ◆ RESET：重置

   ◆ IPR：UART BAUD 率，初始值 115200

   ◆ ADDRESS：LoRa 模組位址，0 ～ 65535

   ◆ NETWORKID：LoRa 網路 ID，0 ～ 16

   ◆ MODE：0 表示收發模式，1 表示休眠模式

   ◆ BAND：頻率，92300000 表示 923MHz

   ◆ PARAMETER：設定 LoRa 參數，4 個引數：

   > Spreading Factor：7 ～ 12，初始值 12，值越大可傳送距離越遠，但得花費較多時間

> ➤ Bandwidth：0 ～ 9，初始值 7，頻寬 125 kHz

> ➤ Coding Rate：1 ～ 4，初始值 1

> ➤ Programmed Preamble：4 ～ 7，初始值 4

> ※ REYAX 建議，當傳送距離低於 3 km 時，參數採用 [10, 7, 1, 7]，當高於 3 km 時，採用 [12, 4, 1, 7]。

◆ SEND：傳送資料，3 個引數分別為傳送對象的位址、資料長度、資料

◆ 接收到的訊息格式：+RCV=<Address>, <Length>, <Data>, <RSSI>, <SNR>

> ➤ Address：訊息來自 LoRa 收發器位址

> ➤ Length：訊息長度

> ➤ Data：接收到的訊息

> ➤ RSSI：Received Signal Strength Indicator，接收到訊號強度（dBm）

> ➤ SNR：Signal-to-Noise Ratio，訊號雜訊比（dB）

接收到的訊息如圖 9.2，最新訊息為 +RCV=10,5,18/54,-49,33，訊息來自位址 10 的 LoRa 收發器，訊息長度 5，內容為 18/54，訊號強度 -49dBm，雜訊比 33 dB。

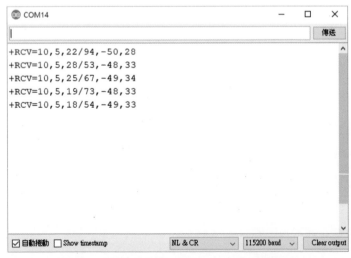

圖 9.2　接收到位址 10 的 LoRa 收發器訊息

此處僅列常用指令,請至官網下載使用手冊查看其他內容。

2. **RYLR896 參數設定**

利用 USB 轉 UART 模組(本書使用 CP2102)連接 RYLR896,在電腦進行
參數設定,接線方式如表 9.3。

表 9.3　RYLR896 與 USB 轉 UART 模組接線

RYLR896 pin	USB 轉 UART 模組 pin
TX	RX
RX	TX
3V3	3.3V
GND	GND

RYLY896 使用 3.3V,TX 腳位接對方的 RX 腳位,請勿接錯。

使用 Arduino IDE 設定參數,新增 sketch,毋須撰寫任何程式,打開串列埠
監視器,在輸入欄輸入指令,指令例如表 9.4。

表 9.4　AT 指令例

指令	說明
AT	測試 loRa 模組是否回應 AT 指令
AT+RESET	重置
AT+IPR=115200	設定 Baud 率為 115200
AT+ADDRESS=20	設定 LoRa 收發器位址為 20
AT+BAND=923000000	設定頻率為 923MHz
AT+MODE=0	設定模式 0,正常收發模式
AT+ADDRESS?	探詢位址
AT+NETWORKID?	探詢網路 ID
AT+PARAMETER?	探詢 LoRa 參數

串列埠監視器顯示：行結束選「**NL & CR**」，OK 表示設定成功，如圖 9.3。
若出現 ERR= 數值，表示錯誤指令，可根據錯誤碼查詢錯誤訊息。

圖 9.3　串列埠監視器顯示指令執行情形

9.2　建立 LoRa 感測網路

如圖 9.4 所示，3 個 LoRa 感測節點：

- RYLR896 + Arduino UNO + 感測器

- RYLR896 + ESP32 + 感測器

- RYLR896 + ESP32

節點之間可以互傳資料，第 3 個 LoRa 節點作為閘道器，可以將資料傳送至雲端
伺服器。註：第 2 個 LoRa 感測節點 ESP32 的 WiFi 功能未用。

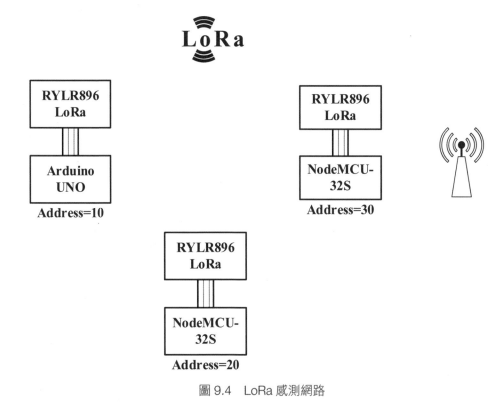

圖 9.4 LoRa 感測網路

📶 RYLR896 參數設定

依據 9.1 節完成 RYLR896 LoRa 模組位址（ADDRESS）、網路 ID（NETWORKID）
等參數設定。未來感測節點數增多，可以規劃使用更多的位址與網路 ID。

1. **LoRa 感測節點 1**：利用 RYLR896、Arduino UNO、感測器建立 LoRa 感測
   節點。

   (1) 參數設定：位址為 10，網路 ID 為 0。

   (2) 接線：RYLR896 的 RX 接 Arduino UNO 的第 3 腳位，TX 接第 2 腳位，
       如表 9.5。利用「SoftwareSerial 函式庫」，設定第 2 腳位為 RX、第 3 腳
       位為 TX 作為與 LoRa 收發器 UART 通訊腳位，原有串列通訊埠（第 0、1

腳位）維持原有功能，用於程式上傳、監視器顯示。RYLR896 與 Arduino UNO 接線方式與連接 USB 轉 TTL-UART 模組相同。由於 RYLR896 接收訊號須為 3.3V，而 Arduino UNO 數位輸出是 5V，因此 Arduino UNO TX 至 RYLR896 RX 腳位需降至 3.3V，根據電壓分配定律使用 1 個 5kΩ、1 個 10kΩ 電阻，$\dfrac{10}{5+10} \times 5 = 3.3V$ 如圖 9.5 所示。Arduino UNO RX 至 RYLR896 TX 腳位可以直接連線，毋須外接電阻，若 RYLR896 僅接收 Arduino UNO 傳來資料，可以不必接。

表 9.5　RYLR896 與 Arduino UNO 接線

RYLR896 pin	Arduino UNO pin
TX	2
RX	3
3V3	3.3V
GND	GND

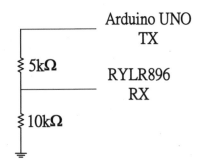

圖 9.5　RYLR896 與 Arduino UNO 接線

2.　**LoRa 感測節點 2**：利用 RYLR896、ESP32、感測器建立 LoRa 感測節點。

(1)　參數設定：位址為 20，網路 ID 為 0。

(2)　接線：RYLR896 TX 接 ESP32 GPIO16 腳位，RX 接 17 腳位，兩者數位輸出均為 3.3V，可直接連接。

表 9.6　RYLR896 與 ESP32 接線

RYLR896 pin	ESP32 GPIO pin
TX	16 （U2RXD）
RX	17 （U2TXD）
3V3	3.3V
GND	GND

註：ESP32 有 3 組 UART 串列埠，如表 9.7，分別為 Serial0、Serial1、Serial2，
Serial0 用於上傳程式、串列埠監視器顯示資訊，**Serial2 可作為 ESP32 與
LoRa 收發器通訊專用**。

表 9.7　ESP32 串列埠腳位

Serial No.	pin	GPIO pin
Serial0	U0RXD	3
	U0TXD	1
Serial1	U1RXD	9
	U1TXD	10
Serial2	U2RXD	16
	U2TXD	17

3. 閘道器：使用 RYLR896、ESP32 構成閘道器。

(1) 參數設定：位址為 30，網路 ID 為 0。

(2) 接線：Serial2 作為 ESP32 與 RYLR896 通訊使用，RYLR896 TX 接 ESP32
GPIO16 腳位，RX 接 GPIO17 腳位。

例題 9.1

2 個 LoRa 感測節點分別設 DHT22、DHT11 溫濕度感測模組安裝在 2 個房間，量測溫濕度，再將資料上傳至 ThingSpeak 雲端伺服器。LoRa 感測節點 1 溫度值、濕度值分別儲存在頻道的 field1、field2，LoRa 感測節點 2 溫度值、濕度值分別儲存在頻道的 field3、field4。註：使用頻道 Temp and Humi，如圖 3.3，新增 field3、field4 欄位。

📶 電路布置：**LoRa 感測節點 1**

DHT22 訊號腳位接 Arduino UNO 第 8 腳位。

📶 範例程式：**LoRa 感測節點 1**

01 建立物件

- SoftwareSerial lora（RX_pin, TX_pin）：建立 LoRa 通訊串列埠

- DHT dht（DHT_pin, DHT_type）：建立 DHT 物件

02 setup 部分

- Serial.begin（115200）：Baud 率為 115200 bps

- lora.begin（115200）：Arduino UNO 與 LoRa 收發器 UART 通訊，Baud 率為 115200 bps

- dht.begin：啟動 DHT 溫濕度感測模組

03 loop 部分：每 15s 量測溫濕度值，以 UART 通訊傳送資料至 LoRa 收發器

- 讀取溫濕度

  ◆ dht.readTemperature：讀取溫度值

  ◆ dht.readHumidity：讀取濕度值

- 浮點數轉換成字串函式 dtostrf：4 個引數，第 1 個浮點數，第 2 個小數點之前位數，第 3 個為小數點以下位數，第 4 個為字串變數

■ 利用 strcat 串接溫濕度，中間以 "/" 隔開

■ UART 傳送資料：LoRa 收發器傳送資料至閘道器，例如：溫度 26.5、濕度 65.0

◆ 字串 msg 為 "AT+SEND=30,9,26.5/65.0\r\n"

◆ 傳送資料：lora.print（msg）

```c
#include <SoftwareSerial.h>
#include <DHT.h>
#include <stdio.h>
#define RX_pin   2
#define TX_pin   3
#define DHT_pin 8
#define DHT_type DHT22

SoftwareSerial lora(RX_pin, TX_pin);
DHT dht(DHT_pin, DHT_type);

void setup() {
  Serial.begin(115200);
  lora.begin(115200);
  dht.begin();
}
char buf1[5], buf2[5];
char msg[30] = "";
void loop() {
  strcpy(msg, "AT+SEND=30,9,");
  delay(15000);
  float humi = dht.readHumidity();
  float temp = dht.readTemperature();
  if ( isnan(humi) || isnan(temp) ) {
    Serial.println(F("Failed to read from DHT sensor!"));
    return;
  }
  dtostrf(temp, 2, 1, buf1);
  dtostrf(humi, 2, 1, buf2);
```

```
    strcat(msg, buf1);
    strcat(msg, "/");
    strcat(msg, buf2);
    strcat(msg, "\r\n");
    Serial.print(msg);
    lora.print(msg);
}
```

📶 電路布置：LoRa 感測節點 2

DHT11 訊號腳位接 GPIO5。

📶 範例程式：LoRa 感測節點 2

程式與 LoRa 感測節點 1 大致相同。

01 setup 部分

- Serial2.begin（115200）：Baud 率為 115200 bps，其餘尚有 3 個引數分別為資料格式、RX 腳位、TX 腳位；初始設定為 SERIAL_8N1（8 個資料位元、無同位位元、1 個停止位元），RX 為 GPIO16，TX 為 GPIO17；維持初始設定，可免除設定

02 loop：每 15s 量測溫濕度值，傳送資料 Serial2.print（msg）

```
#include <DHT.h>
#define DHT_pin 5
#define DHT_type DHT11
DHT dht(DHT_pin, DHT_type);

void setup() {
  Serial.begin(115200);
  Serial2.begin(115200);
  dht.begin();
}
```

```
...
void loop() {
  ...
  Serial2.print(msg);
}
```

範例程式：閘道器

假設已取得 ThingSpeak 頻道 api_key（詳閱第 3 章內容）。

01 initWiFi 函式：與例題 3.1 相同。

02 setup 部分：呼叫 initWiFi 連接無線網路。

03 LoRa_receive：接收到 LoRa 收發器通訊資料，1 個字串指標，兩個傳址的浮點數參數，分別為溫度、濕度值；若有接收到訊息，除更新溫濕度值外，回傳整數 1，否則回傳 0

- Serial2.available：查看 LoRa 收發器是否接收到資料

- Serial2.readStringUntil（'\n'）：讀取資料

- 利用 3 個 String 物件（RxD_Data、t_str、h_str）的方法取得資料來源位址、溫濕度值

  - RxD_Data.indexOf（"="）：取得 "=" 索引數

  - RxD_Data.substring（j+1, j+3）：取得 LoRa 收發器位址子字串

  - RxD_Data.indexOf（"/"）：取得 "/" 索引

  - str1.substring（i-4, i）：取得溫度值子字串

  - str1.substring（i+1, i+5）：取得濕度值子字串

  - atof（t_str.c_str()）：轉換溫度浮點數值

  - atof（h_str.c_str()）：轉換濕度浮點數值

[04] http_request 函式：利用 http 的 POST 方法上傳溫濕度值，3 個引數，分別為資料來源位址、溫度值、濕度值

■ 建立 WiFiClient 物件，名稱為 client

■ client.connect（host, httpPort）：連結 ThingSpeak 伺服器，http 埠號為 80

■ 組成 URL 字串：將 Write_API_Key（寫入頻道金鑰）、溫濕度值等串接成 URL 字串，本例 4 個欄位值更新，先判斷資料來自位址 10 或 20，前者溫度值欄位為 field1、field2，後者為 field3、field4。字串型式為 url = "https://" + host + "/update.json?api_key="+ "&field1="+String(t)+ "&field2=" + String(h)

■ 利用 http POST 方法提出請求：根據 ThingSpeak 官網資料（https://www.mathworks.com/help/thingspeak/writedata.html?searchHighlight=write%20api_key&s_tid=srchtitle_write%2520api_key_3#d123e23094）

[05] loop 部分：解析 LoRa 感測節點的溫濕度，上傳資料至 ThingSpeak 伺服器

■ 呼叫 LoRa_receive 函式，取得資料來源位址、溫濕度值

■ 呼叫 http_request 函式，連結 ThingSpeak 伺服器，以 POST 方法傳送資料

```
#include <WiFi.h>

const char* ssid     = ur_ssid;
const char* password = ur_password;
const char* host = "api.thingspeak.com";
const char* channel_id   = ur_channel_id;
const char* api_key = ur_api_key;
const int httpPort = 80;

void setup() {
  Serial.begin(115200);
  Serial2.begin(115200);
  WiFi.mode(WIFI_STA);
  WiFi.disconnect();
  delay(100);
```

```
  initWiFi();
}
void initWiFi() {
  ...
}
int LoRa_receive(char* sender, float &t, float &h) {
  String RxD_Data;
  while (Serial2.available()) {
    RxD_Data = Serial2.readStringUntil('\n');
    Serial.println(RxD_Data);
    int j = RxD_Data.indexOf("=");
    String sender_Address = RxD_Data.substring(j+1, j+3);
    strcpy(sender, sender_Address.c_str());
    int i = RxD_Data.indexOf("/");
    Serial.println(i);
    String t_str = RxD_Data.substring(i-4, i);
    String h_str = RxD_Data.substring(i+1, i+5);
    t = atof(t_str.c_str());
    h = atof(h_str.c_str());
    return 1;
  }
  return 0;
}
void http_request(char* sender, float t, float h) {
  WiFiClient client;
  Serial.println(sender);
  Serial.print("connecting to ");
  Serial.println(host);
  if (!client.connect(host, httpPort)) {
    Serial.println("connection failed");
    return;
  }
  String url = "https://";
  url += host ;
  url += "/update.json?api_key=";
  url += api_key;
  if (strcmp(sender, "10") == 0) {
```

```
        url += "&field1=";
        url += String(t);
        url += "&field2=";
        url += String(h);
    }
    else if (strcmp(sender, "20") == 0) {
        url += "&field3=";
        url += String(t);
        url += "&field4=";
        url += String(h);
    }
    Serial.print("Requesting URL: ");
    Serial.println(url);
    client.print(String("POST ") + url + " HTTP/1.1\r\n" +
                 "Host: " + host + "\r\n" +
                 "Connection: close\r\n\r\n");
    unsigned long timeout = millis();
    while (client.available() == 0) {
        if (millis() - timeout > 5000) {
            Serial.println(">>> Client Timeout !");
            client.stop();
            return;
        }
    }
    while(client.available()) {
        String line = client.readStringUntil('\r');
        Serial.print(line);
    }
}
void loop() {
    char sender[5];
    float t, h;
    if (LoRa_receive(sender, t, h) > 0) {
        http_request(sender, t, h);
    }
}
```

■ 執行情形：打開 ThingSpeak 頻道 > Temp and Humi > Private View，兩個房間的溫濕度分布如圖 9.6 所示。

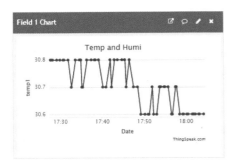
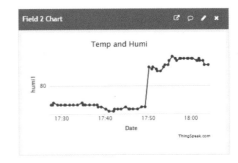
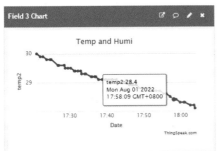
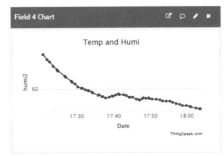

圖 9.6　ThingSpeak 顯示圖表

例題 9.2

重做例題 9.1，閘道器將資料以「MQTT 通訊方式」發布至 ThingSpeak 雲端伺服器。

📶 範例程式

僅需修改閘道器程式，mqtt_server ="mqtt3.thingspeak.com"，假設 ThingSpeak 頻道的 mqtt_user 與 client_ID、與 mqtt_password 均已取得（詳閱第 3 章內容）。

01 內含函式庫

- WiFi.h：無線聯網

- PubSubClient.h：MQTT 用戶端模組

02 setup 部分：利用無線網路連結 ThingSpeak 雲端 MQTT 伺服器

- Serial.begin（115200）：BAUD 率 115200

- Serial2.begin（115200）：UART 通訊，BAUD 率 115200

- 呼叫 initWiFi 連接無線網路

- mqtt_client.setServer：設定 MQTT 伺服器，埠號為 1883

- mqtt_client.setCallback：設定收到訂閱訊息時的回呼函式

03 LoRa_receive 函式：與例題 9.1 相同。

04 initWiFi、reconnect 函式：與例題 3.1 相同。

05 loop：一旦接收到由感測節點傳來的資訊，解析完成後即發布訊息至 ThingSpeak MQTT 伺服器

- mqtt_client.loop：執行 MQTT 迴圈

- 呼叫 LoRa_receive 函式，取得資料來源位址、溫濕度值

- 發布訊息內容，先判斷資料來自位址 10 或 20，前者溫度值欄位為 field1、field2，後者為 field3、field4。訊息依來源位址不同，發布訊息有

```
mqtt_client.publish(topic_pub, (msg1 + String(t) + msg2 +
String(h) + msg_tail).c_str())
```

或

```
mqtt_client.publish(topic_pub, (msg3 + String(t) + msg4 +
String(h) + msg_tail).c_str())
```

其中 topic_pub = "channels/1765924/publish"，msg1 = "field1="，

msg2 = "&field2="，msg3 = "field3="，msg4 = "&field4="，

msg_tail = "&status=MQTTPUBLISH"，t、h 為溫濕度值

```
#include <WiFi.h>
#include <PubSubClient.h>
const char* ssid = ur_ssid;
const char* password = ur_password;
const char* mqtt_server = "mqtt3.thingspeak.com";
const char* mqtt_user = ur_mqtt_user;
const char* client_ID = ur_client_ID;
const char* mqtt_password = ur_mqtt_password;
const char* topic_pub = "channels/1765924/publish";
const char* topic_sub = "channels/1765924/subscribe/fields/+";
String msg1 = "field1=";
String msg2 = "&field2=";
String msg3 = "field3=";
String msg4 = "&field4=";
String msg_tail = "&status=MQTTPUBLISH";
int readout_len = 5;
const unsigned long lastingInterval = 15L * 1000L;
unsigned long lastConnectTime = 0L;
WiFiClient espClient;
PubSubClient mqtt_client(espClient);
int LoRa_receive(char* sender, float &t, float &h) {
   ...
}
void setup() {
  Serial.begin(115200);
  Serial2.begin(115200);
  WiFi.mode(WIFI_STA);
  WiFi.disconnect();
  delay(100);
  initWiFi();
  mqtt_client.setServer(mqtt_server, 1883);
  mqtt_client.setCallback(callback);
```

```
}
void initWiFi() {
  ...
}
void callback(char* topic, byte* payload, unsigned int length) {
  ...
}
void reconnect() {
  ...
}
void loop() {
  if (!mqtt_client.connected()) {
    reconnect();
  }
  mqtt_client.loop();
  if (millis() - lastConnectTime > lastingInterval) {
    char sender[5];
    float t, h;
    if (LoRa_receive(sender, t, h) > 0) {
      if (strcmp(sender, "10") == 0) {
        mqtt_client.publish(topic_pub, (msg1 + String(t) + msg2 +
String(h) + msg_tail).c_str());
      }
      else if (strcmp(sender, "20") == 0) {
        mqtt_client.publish(topic_pub, (msg3 + String(t) + msg4 +
String(h) + msg_tail).c_str());
      }
      lastConnectTime = millis();
    }
  }
}
```

LoRa 感測節點除傳遞溫濕度資料，可以接收指令進行控制。藉由 Node-RED 流
程的 MQTT 結點發布 ThingSpeak 頻道欄位數值，再經閘道器訂閱主題取得數
值，傳遞訊號給 LoRa 感測節點。

例題 9.3

利用 Node-RED 流程控制電燈，LoRa 感測節點連接 2 個電燈開關，分別為
SW1、SW2，開關繼電器為低準位激磁。LoRa 感測節點 1 控制 SW1 開關，
LoRa 感測節點 2 控制 SW2 開關。

📶 ThingSpeak 頻道

新增使用欄位 field5，名稱為 cmd，值可能為 "100"、"101"、"200"、或 "201"，
字串前 2 個字元代表 LoRa 收發器位址，第 3 個為開關狀態，1 表示開燈（繼電
器激磁）、0 表示關燈（繼電器失磁）

📶 電路布置：**LoRa 感測節點 1**

Arduino UNO 第 13 腳位接繼電器模組。

📶 範例程式：**LoRa 感測節點 1**

01 內含函式庫：SoftwareSerial.h

02 setup 部分

- Serial.begin（115200）：BAUD 率 115200

- lora.begin（115200）：Arduino UNO 與 LoRa 收發器 UART 通訊，BAUD 率
  115200

03 loop 部分

- lora.available：當接收到 LoRa 收發器通訊資料，回傳位元組數

- lora.readStringUntil（'\n'）：讀取字串至換行符號

- RxD_Data.substring（10, 11）：RxD_Data 為 String 物件，取字串第 11 個字
  元，例如：接收到訊號為 +RCV=30,1,1,-49,38，第 11 字元為 1，將輸出低
  準位訊號至繼電器模組

```
#include <SoftwareSerial.h>
#define relay_pin   13
#define RX_pin   2
#define TX_pin   3

SoftwareSerial lora(RX_pin, TX_pin);

void setup() {
  Serial.begin(115200);
  lora.begin(115200);
  pinMode(relay_pin, OUTPUT);
  digitalWrite(relay_pin, HIGH);
}

String RxD_Data;
void loop() {
  while (lora.available()) {
    RxD_Data = lora.readStringUntil('\n');
    Serial.println(RxD_Data);
    if (RxD_Data.substring(10, 11) == "1" ) {
      digitalWrite(relay_pin, LOW);
    }
    else digitalWrite(relay_pin, HIGH);
  }
}
```

🛜 電路布置：LoRa 感測節點 2

ESP32 GPIO15 腳位接繼電器模組。

🛜 範例程式：LoRa 感測節點 2

[01] setup 部分

- Serial.begin（115200）：BAUD 率 115200

- Serial2.begin（115200）：ESP32 與 LoRa 收發器 UART 通訊，BAUD 率 115200

02 loop 部分

■ Serial2.available：接收到 LoRa 收發器通訊資料，回傳位元組數

■ Serial2.readStringUntil（'\n'）：讀取字串至換行符號

```
#define relay_pin   15
void setup() {
  Serial.begin(115200);
  Serial2.begin(115200);
  pinMode(relay_pin, OUTPUT);
  digitalWrite(relay_pin, HIGH);
}

void loop() {
  while (Serial2.available()) {
    String RxD_Data = Serial2.readStringUntil('\n');
    Serial.println(RxD_Data);
    if (RxD_Data.substring(10, 11) == "1" ) {
      digitalWrite(relay_pin, LOW);
    }
    else digitalWrite(relay_pin, HIGH);
  }
}
```

📶 範例程式：閘道器

01 setup 部分

■ Serial.begin（115200）：BAUD 率 115200

■ Serial2.begin（115200）：ESP32 與 LoRa 收 發 器 UART 通 訊，BAUD 率 115200

02 initWiFi、reconnect 函式：與例題 3.1 相同。

03 LoRa_send 函式：組成 LoRa AT 指令

■ String cmd = String（(char*) payload）：將 payload 轉換 String 物件 cmd

- cmd.substring（0, 2）.c_str()：取得 LoRa 感測節點位址

- cmd.substring（2, 3）.c_str()：取得電燈開關指令

04 loop 部分

- 呼叫 reconnect 函式，連結 ThingSpeak 伺服器

- mqtt_client.loop：執行 MQTT 迴圈

```cpp
#include <WiFi.h>
#include <PubSubClient.h>

const char* ssid = ur_ssid;
const char* password = ur_password;
const char* mqtt_server = "mqtt3.thingspeak.com";
const char* mqtt_user = "ISQhGB0zJScdOi8gKSUvCzk";
const char* client_ID = "ISQhGB0zJScdOi8gKSUvCzk";
const char* mqtt_password = ur_mqtt_password;
const char* topic_pub = "channels/1765924/publish";
const char* topic_sub = "channels/1765924/subscribe/fields/+";

WiFiClient espClient;
PubSubClient mqtt_client(espClient);

void LoRa_send(byte* payload, int length) {
  String cmd = String((char*) payload);
  if (length != 3) return;
  char msg[30] = "";
  strcpy(msg, "AT+SEND=");
  strcat(msg, cmd.substring(0, 2).c_str());
  strcat(msg, ",1,");
  strcat(msg, cmd.substring(2, 3).c_str());
  strcat(msg, "\r\n");
  Serial.println(msg);
  Serial2.print(msg);
}

void setup() {
```

```
  Serial.begin(115200);
  Serial2.begin(115200);
  WiFi.mode(WIFI_STA);
  WiFi.disconnect();
  delay(100);
  initWiFi();
  mqtt_client.setServer(mqtt_server, 1883);
  mqtt_client.setCallback(callback);
}
void initWiFi() {
  ...
}
void callback(char* topic, byte* payload, unsigned int length) {
  Serial.print("Message arrived: ");
  Serial.println(topic);
  for (int i=0; i < length; i++) {
    Serial.print((char) payload[i]);
  }
  Serial.println();
  LoRa_send(payload, length);
}
void reconnect() {
  ...
}
void loop() {
  if (!mqtt_client.connected()) {
    reconnect();
  }
  mqtt_client.loop();
}
```

🛜 Node-RED 流程

01 流程規劃：2 個 switch、1 個 function、1 個 mqtt out 結點，如圖 9.7。

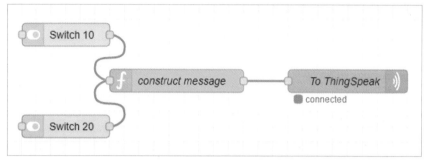

圖 9.7　Node-RED 流程

[02] 結點說明

■ switch：名稱為 Switch 10，當按下開關時輸出 11，表示 LoRa 感測節點位址
10 所連接 Arduino UNO 的電燈開關繼電器激磁，再按輸出 10，電燈開關繼
電器失磁

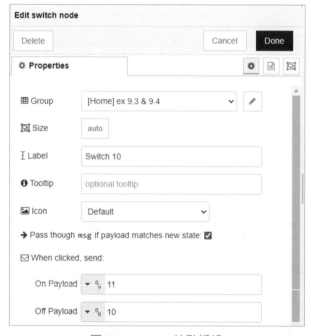

圖 9.8　switch 結點編輯

- switch：名稱 Switch 20，當按下開關時輸出 21，表示 LoRa 感測節點位址 20 所連接 Arduino UNO 的電燈開關繼電器激磁，再按輸出 20，電燈開關繼電器失磁

- function：msg.topic 為 channels/<channel ID>/publish/fields/<field no>， 本例 <field no> 為 field5。msg.payload 為 mqtt out 結點發布的訊息內容，前 2 數字為 LoRa 感測節點位址，第 3 個數字為 1 或 0，繼電器激磁或失磁

圖 9.9　function 結點編輯

- mqtt out： 名 稱 To ThingSpeak，topic 與 payload 承 接 自 前 一 function 結點，QoS 為 0，Retain 為 false。mqtt 伺服器為 mqtt3.thingspeak.com，埠號 1883，協定選 MQTT V3.1.1，Client ID 與 Username 相同。點擊 Security 頁籤，輸入 Username 與 Password（取自 ThingSpeak，請參考第 3 章）

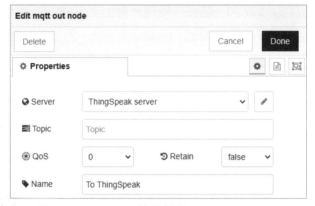

圖 9.10　mqtt out 結點編輯：To ThingSpeak

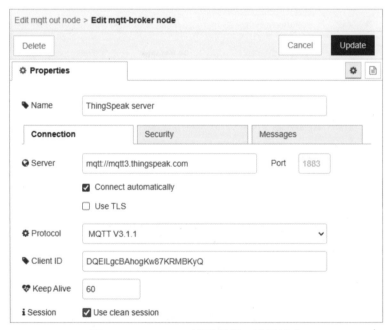

圖 9.11　mqtt out 結點編輯：連結設定

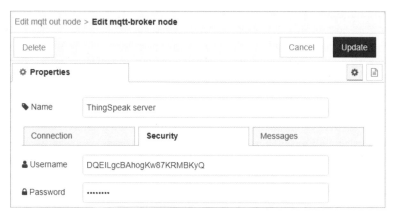

圖 9.12　mqtt out 結點編輯：資安設定

03 使用者介面：如圖 9.13，顯示 Switch 10、Switch 20 均開啟。圖中 Angle of servo motor 10 屬於例題 9.4 內容。

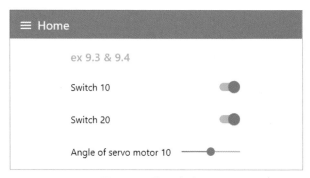

圖 9.13　使用者介面

例題 9.4

利用 Node-RED 流程控制伺服馬達 MG995，以 slider 結點設定角度，進而改變 ThingSpeak 頻道欄位內容，例如 field6。當閘道器接到訂閱 ThingSpeak 主題資訊，傳至 LoRa 感測節點進而控制伺服馬達。

📶 ThingSpeak 頻道

新增使用欄位 field6，名稱為 angle，內容的前 2 碼為 LoRa 感測節點位址，第 3 碼為「-」號，最後 1 到 3 碼為角度，範圍為 0 ~ 180。

📶 電路布置：LoRa 感測節點 1

Arduino UNO 第 10 腳位接伺服馬達訊號線，伺服馬達輸入電源接 5V 與 GND。

📶 範例程式：LoRa 感測節點 1

01 內含函式庫

- SoftwareSerial.h
- Servo.h：伺服馬達模組

02 setup 部分

- Serial.begin（115200）：BAUD 率 115200
- lora.begin（115200）：Arduino UNO 與 LoRa 收發器 UART 通訊，BAUD 率 115200
- servo_10.attach（Servo_pin）：設定控制伺服馬達訊號腳位
- servo_10.write（90）：伺服馬達轉至 90°

03 loop 部分

- lora.available：接收到 LoRa 收發器通訊資料，回傳位元組數
- lora.readStringUntil（'\n'）：讀取字串至換行符號
- data_len = RxD_Data.substring（8, 9）.toInt：資料長度
- RxD_Data.substring（10, 10+data_len）.toInt：RxD_Data 為 String 物件，取字串第 11 個字元以後子字串
- 例如：接收到訊號為 +RCV=30,3,148,-50,38，第 9 字元為 3，表示資料長度為 3，第 11 至 13 字元為 148，取得伺服馬達轉角 148

```
#include <SoftwareSerial.h>
#include <Servo.h>
#define Servo_pin   10
#define RX_pin   2
#define TX_pin   3

SoftwareSerial lora(RX_pin, TX_pin);
Servo servo_10;
void setup() {
  Serial.begin(115200);
  lora.begin(115200);
  servo_10.attach(Servo_pin);
  servo_10.write(90);
}

String RxD_Data;
void loop() {
  while (lora.available()) {
    RxD_Data = lora.readStringUntil('\n');
    Serial.println(RxD_Data);
     int data_len = RxD_Data.substring(8, 9).toInt();
    int angle = RxD_Data.substring(10, 10+data_len).toInt();
    Serial.print("Angle of servo motor = ");
    Serial.println(angle);
    servo_10.write(angle);
  }
}
```

📶 範例程式：閘道器

閘道器訂閱 ThingSpeak 頻道 field6 主題。程式部分與例題 9.3 僅 LoRa_send 函式不同。當滑動 Node-RED 使用者介面儀表板 slider 時，將發布更新 field6 訊息，它包含 LoRa 感測節點位址與伺服馬達轉動角度。LoRa_send 函式

■ String cmd = String（（char*）payload）：將 payload 轉換 String 物件 cmd

■ cmd.indexOf（"-"）：取得「-」索引

- cmd.substring（0, 2）.c_str()：取得 LoRa 感測節點位址

- length-i-1：伺服馬達轉動角度位數（1 ～ 3），length 為資料總長度

- cmd.substring（i+1, length）.c_str()：取得伺服馬達轉動角度

```
void LoRa_send(byte* payload, int length) {
  String cmd = String((char*) payload);
  if (length == 3 || length > 6) return;
  char msg[30] = "";
  strcpy(msg, "AT+SEND=");
  strcat(msg, cmd.substring(0, 2).c_str());
  int i = cmd.indexOf("-");
  strcat(msg, ",");
  strcat(msg, String(length-i-1).c_str());
  strcat(msg, ",");
  strcat(msg, cmd.substring(i+1, length).c_str());
  strcat(msg, "\r\n");
  Serial.println(msg);
  Serial2.print(msg);
}
```

📶 Node-RED 流程

01 流程規劃：1 個 slider、1 個 function、1 個 mqtt out 結點（與例題 9.3 相同），另加 1 個 debug 結點，可以查看發布訊息的內容，如圖 9.14。

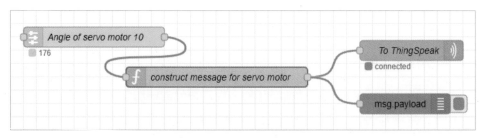

圖 9.14　Node-RED 流程

02 結點說明

- slider：名稱 Angle of servo motor 10，主題為 10，範圍 0 ～ 180

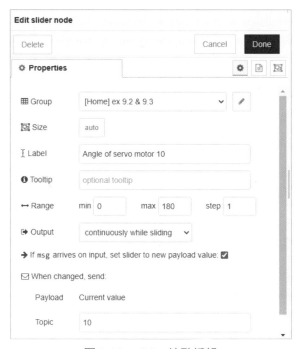

圖 9.15　slider 結點編輯

■ function：msg.payload 為 mqtt out 結點發布的訊息內容，包含 LoRa 感測
節點位址、"-"、與伺服馬達轉動角度。msg.topic 為 channels/<channel ID>/
publish/fields/<field no>，本例為 field6

圖 9.16　function 結點編輯

03 使用者介面：如圖 9.13，移動滑桿，查看伺服馬達轉動角度。

9.1　試在 LoRa 感測節點 1 裝設一按壓開關，控制 LoRa 感測節點 2 連接的電燈開關，未設閘道器。

9.2　試以 Node-RED 控制伺服馬達，流程有 3 個開關：30、60、90，分別表示馬達轉動角度，當按下開關後，更動 ThingSpeak 頻道欄位內容，例如：field6。閘道器訂閱馬達轉角指令，一旦接收到改變值，發送訊息給 LoRa 感測節點 1，驅動伺服馬達轉至指定角度。

9.3　LoRa 感測節點 2 裝設一磁簧開關（或門窗開關），窗戶緊閉時，磁簧互相吸引，電路導通，若窗戶打開，磁簧分離，電路斷開。當窗戶打開時，更動 ThingSpeak 頻道欄位內容，例如：field7。在 Node-RED 使用者介面顯示窗戶開啟狀態，同時發布訊息至 LINE 群組。提示：磁簧開關可視為常閉開關，正常狀況數位輸入低準位，當窗戶打開時數位輸入高準位。

1. LoRa 通訊知識：https://www.youtube.com/c/Mobilefish。

MEMO

10
Chapter

Cloud 7：
TTN

第 7 朵雲 TTN，The Things Network。前一章 LoRa 網路屬於一種「點對點」的型態，當 LoRa 感測節點增多或功能要改變時，閘道器的程式必須配合每個 LoRa 感測節點修改，LoRa 網路變成不容易管理與使用，其實這種自己製作的閘道器，僅提供一個 LoRa 收發器頻道，只能連上單一網路伺服器（Network Server），例如：ThingSpeak，功能相當的侷限。本章介紹 LoRaWAN 以及 TTN 網路伺服器，同時使用多頻道閘道器，除了可以免除前述問題外，更可以充分使用社群資源，讓 LoRa 網路更具拓展性與實用性。

LoRaWAN 的應用架構如圖 10.1

- LoRa 感測節點（LoRa sensor node）資料傳至多頻道閘道器（gateway）（有相當多產品可供選用，本書採用 HT-M01S 閘道器，8 個頻道，Heltec Automation 產品）

- 閘道器將資料上行至 TTN 網站

- 電腦端透過網際網路訂閱 TTN 資料，讀取 LoRa 感測節點上行資料；或發布下行資料，控制 LoRa 感測節點

應用 TTN 需要設定閘道器、終端裝置（End Device）、以及應用（Application）的 MQTT 通訊協定。

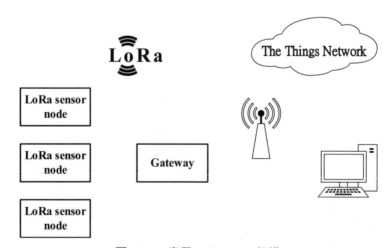

圖 10.1　應用 LoRaWAN 架構

10.1 LoRaWAN

1. **LoRaWAN**

LoRaWAN 是 Long Range Wide-Area Network 的頭字語，由 LoRa 聯盟（LoRa Alliance）定義的 LoRa 無線通訊協定，位於 LoRa 上層的網路通訊協定，它是一個開放的標準，特色是低能耗、低頻寬、長距離。在此僅敘述應用 TTN 建立物聯網所需的 LoRaWAN 資訊。它的組成：

◆ 終端裝置（end device）：通常作為感測器節點，主要由 LoRa 收發器、微控制器、感測器等所組成，與第 9 章所提 LoRa 感測節點的架構相同

◆ 閘道器（gateway）：亦稱網關，它是終端裝置與網路伺服器通訊的窗口，與終端裝置一樣，具有 LoRa 收發器、微控制器組成，同時具有 WiFi 或乙太網路聯網功能

◆ 網路伺服器（network server）：接收終端裝置上行（uplink）資料，或下行（downlink）資料給終端裝置。註：uplink 與 downlink 為 LoRa 專有名詞

◆ 應用伺服器（application server）：網路伺服器與應用裝置之間的窗口

◆ 應用裝置（application device）：如電腦、手機，用於監控終端裝置

2. 終端裝置

(1) 頻段：台灣 LoRa 頻段為 923 ～ 925MHz，區域定為 AS923（AS2）。

(2) 類別：分成 A、B、C 三類

➢ Class A：**最低能耗**，所有 LoRaWAN 終端裝置必須支援，由終端裝置引發 LoRa 通訊，可以在**任何時間**上行資料，**完成上行資料傳輸後終端裝置會開啟 2 個簡短下行接收窗（RX1 與 RX2）等候網路伺服器下行資料，在這期間若未下行資料，下行傳輸會在下一次上行傳輸完成後執行**。除上行與等下行資料外，大部分時間終端裝置處於休眠模式（sleep mode），這類裝置屬於低能耗、電池供電。由於只有在上行

資料後才會收到下行資料，因此會發生下行延遲。這是典型的感測節點類別，本書主要應用這個類別建立 LoRa 網路

> Class B：**能耗居中**，除了產生如 Class A 接收窗外，針對網路伺服器下行傳輸開啟預定接收窗，使用閘道器同步傳輸的信標（beacons），終端裝置會在固定週期開啟接收窗接收下行訊息

> Class C：**最高能耗**，延伸 Class A，在資料傳輸時保持接收窗開啟，最低通訊延遲，能耗高於 Class A 數倍，通常這類裝置接外部電源，不使用電池

「裝置類別」關係著電池能耗與接收延遲，Class A 裝置能耗最低，可以預期延遲接收訊息發生的機率高。（參考資料：https://www.thethingsnetwork.org/docs/lorawan/classes/）

(3) 擴頻因子（spreading factor；SF）：LoRa 調變總共分成 SF7 至 SF12 等六個等級，每一個符號編碼解析度分別從 2^7 至 2^{12}，數值越大信號可以正確傳遞訊號的距離越遠，也具有強大抗干擾性，接收器的敏感度（receiver sensitivity）可以比較差，但是訊號的播放時間（Time-On-Air）較長，同時數據傳輸率（data rate）較低，電池壽命低。一般，SF7BW125 表示 SF=7、頻寬 BW=125 KHz；SF9BW250 表示 SF=9、BW=250 KHz。有關 LoRa 調變技術，請參考第 9 章內容。（參考資料：https://www.thethingsnetwork.org/docs/lorawan/spreading-factors/）

(4) 資料傳輸率（data rate；DR）或位元率（bit rate；R_b）：單位時間可以傳送的資料量，計算公式

$$R_b = SF \frac{BW}{2^{SF}} \frac{4}{(4 + CR)}$$

單位為 bits/s，其中 BW 為頻率調變頻寬，CR 為編碼率（code rate），分布範圍 1 ~ 4，例如當 CR=1 時，其中 4/5 的訊號為傳輸資料，1/5 是作為偵誤使用。當 SF 越大，DR 會越小。

（參考資料：https://www.mobilefish.com/download/lora/lora_part15.pdf）

例題 **10.1**

若採用 SF7BW125，CR=1，試計算資料傳輸率 DR。

解答

代入公式，

$$R_b = SF\frac{BW}{2^{SF}}\frac{4}{(4+CR)} = 7\frac{125 \times 1000}{2^7}\frac{4}{(4+1)} = 5468.75 \approx 5.5 \ kbits/s$$

(5) 為了資源共享，TTN 制定「公平使用的原則」（Fair Use Policy）：限制每個終端裝置每個 24 小時傳遞的資料量

> 上行（uplink）：訊號平均累積總播放時間為 30s

> 下行（downlink）：總共 10 筆訊息，包含回應 uplink 訊號所發出的 ACKS 訊息

（參考資料：https://www.thethingsnetwork.org/forum/t/fair-use-policy-explained/1300）

TTN 網站有提供訊號播放時間（air time）計算的連結（https://avbentem.github.io/airtime-calculator/ttn/as923），如圖 10.2 為 AS923 區域，不同 SF、資料量所算出的播放時間。

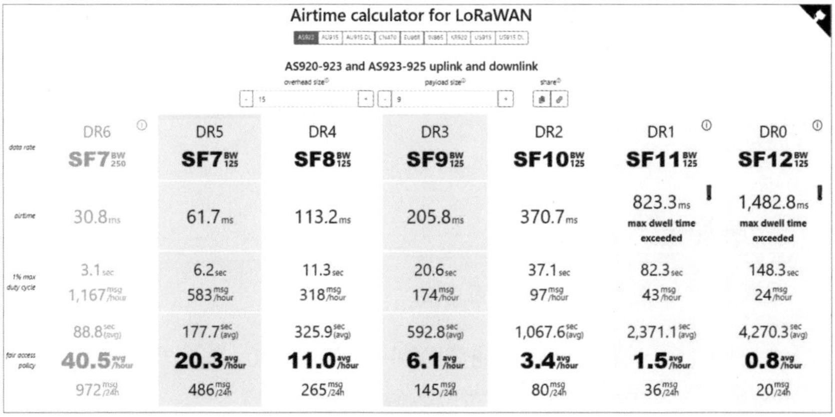

圖 10.2　播放時間計算

(6) AS923 頻段：根據 https://www.thethingsnetwork.org/docs/lorawan/frequency-plans/ 資料顯示 AS923-925（"AS2"），上行有 10 個頻段如表 10.1。

表 10.1　AS923 頻道

頻道	頻率（MHz）	SF 與頻寬
1	923.2	SF7BW125 至 SF12WBW125
2	923.4	
3	923.6	
4	923.8	
5	924.0	
6	924.2	
7	924.4	
8	924.6	
9	924.5	SF7WBW250
10	924.8	FSK

FSK 為 Frequency Shift Keying，是另一種調變技術，請忽略。

下行頻段接收窗 RX1 與上行相同，RX2 為 923.2MHz、SF10BW250。

例題 10.2

上行資料有 9 個位元組、15 個前置位元組，若採用 SF7 在每日總播放時間限制下（30s），試計算一日可上行訊息數為若干？若採用 SF12，情況如何？

解答

根據圖 10.2，可以取得播放時間

➤ SF7：每一筆上行資料播放時間 61.7ms，30s 除以 61.7ms 可得 486.2 筆訊息，間隔約 3 分鐘可以上行一筆訊息

> SF12：每一筆上行資料播放時間 1482.8ms，30s 除以 1482.8ms 可得 20.2 筆訊息，間隔約 71.3 分鐘可以上行一筆訊息

(7) 終端裝置觸發模式：此部分是使用 LoRaWAN 重要觀念，它關係資料傳輸的安全性，有兩種模式：

> OTAA：Over The Air Activation 頭字語，動態配置裝置位址、安全金鑰。在 TTN 產生 3 個參數，必須儲存在終端裝置

  ● AppEUI：應用擴充獨立辨識碼（Application Extended Unique Identifier），64-bit 碼

  ● DevEUI：裝置擴充獨立辨識碼（Device Extended Unique Identifier），64-bit 碼

  ● AppKey：應用金鑰（Application Key），128-bit 碼

> ABP：Activation By Personalization 縮寫，將裝置位址、安全金鑰寫入裝置。在 TTN 產生 3 個參數，必須儲存在終端裝置

  ● DevAddr：裝置位址（Device Address），32-bit 正整數

  ● NwkSkey：網路會議金鑰（Network Session Key），128-bit 碼

  ● AppSKey：應用會議金鑰（Application Session Key），128-bit 碼

基於資安理由，**官網推薦使用 OTAA 模式，本書例題均採用 OTAA 模式。**

（參考資料：https://www.thethingsindustries.com/docs/devices/abp-vs-otaa/）

10.2 The Things Network

The Things Network（TTN）是一個國際性協作的生態物聯網，使用 LoRaWAN 建立網路、產生裝置，並提供解決方案；它是開放、分散的 LoRaWAN 網路，可以運用它來測試裝置與整合應用。

（https://www.thethingsindustries.com/docs/getting-started/ttn/）

1.　申請帳號並登入 **TTN** 網站

(1) 首頁：https://www.thethingsnetwork.org/，2022 年 10 月 9 日瀏覽頁面
　　如圖 10.3，會員數有 177.9k、閘道器數有 20.5k。讀者可以至 https://
　　ttnmapper.org/heatmap/ 網頁查詢所在區域附近是否有閘道器，就近免費
　　使用，惟台灣公共閘道器數量相當少，若讀者附近無公共閘道器，須自行
　　購置閘道器。

圖 10.3　TTN 首頁

(2) 進入 console 視窗：登入帳號，點擊右上角 > Console，選距離最近
　　的雲端伺服器，台灣地區選澳洲，如圖 10.4。登入 The Things Stack
　　Community Edtion，如圖 10.5。進入應用與閘道器設定首頁，如圖
　　10.6。註：The Things Stack 是企業等級的伺服器，其中 Community
　　Edtion 是由 TTN 經營，它是免付費。

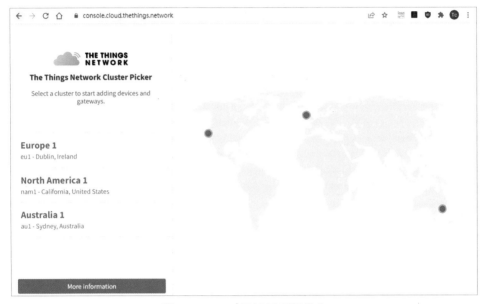

圖 10.4　TTN 雲端伺服器分布

圖 10.5　登入 The Things Stack Community Edtion

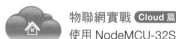

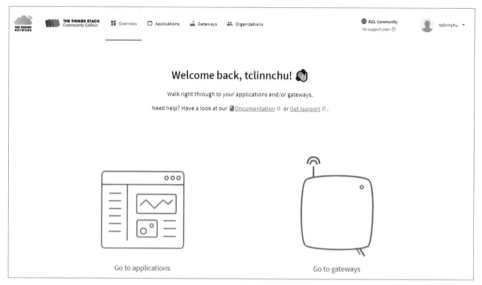

圖 10.6　應用與閘道器設定首頁

2.　**TTN 設定閘道器**：點擊 Gateways 頁籤或 Go to gateways 圖塊。因公共閘道器不多，筆者所在位置並沒有可連接的閘道器，只好購買閘道器安裝。註：閘道器必須與雲端伺服器設定一致。（有關閘道器配置請參閱附錄 F）

(1)　新增閘道器：點擊「+ Register gateway」。圖 10.7 已建立 2 個閘道器，其中 ht-m01s-tchome 目前狀態是連接（Connected）。若閘道器配置正確，開啟閘道器，將會顯示 Connected 狀態。

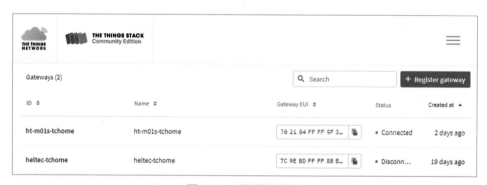

圖 10.7　閘道器清單

(2) 閘道器設定

> Gateway ID：TTN 閘道器識別碼，取任意唯一具有意義字串，限小寫字母、數字、或「-」

> Gateway EUI：閘道器參數設定時取得的 GatewayID（與前項 Gateway ID 不同），此 EUI 由製造商提供。註：EUI 為 Extended Unique Identifier，擴展唯一識別碼

> Gateway name：閘道器名稱，可任意字串，通常與 Gateway ID 相同

> Gateway Server Address：TTN 雲端伺服器位址，即 au1.cloud.things. network

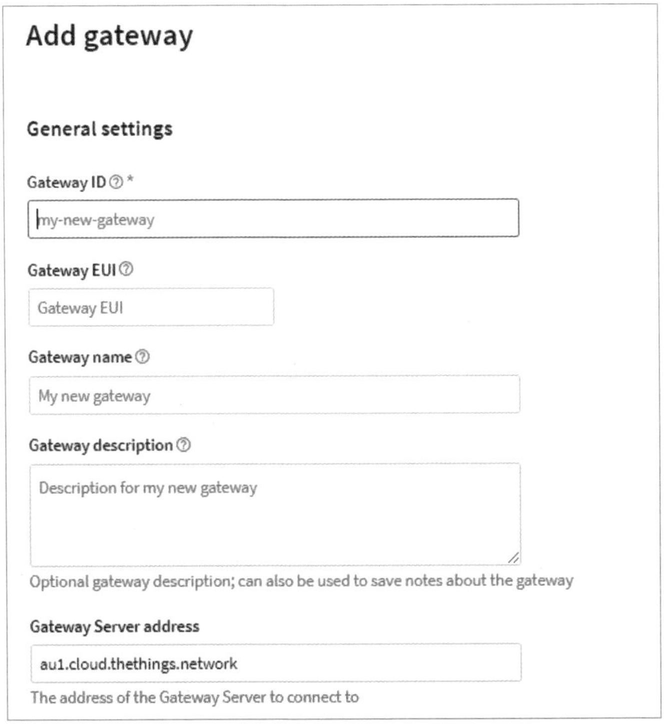

圖 10.8　閘道器設定

(3) 頻段：選 Asia 923-925MHz。

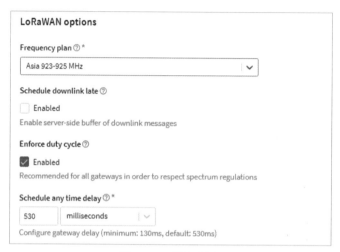

圖 10.9　頻段設定

3. 應用（**Application**）設定：點擊 Applications 頁籤 > + Add application，新增應用，圖 10.10 顯示有 3 個應用，設定如圖 10.11

◆ Application ID：取任意唯一具有意義字串，限小寫字母、數字、或「-」

◆ Application name：任意字串，通常與 Application ID 相同

◆ 點擊「Create application」

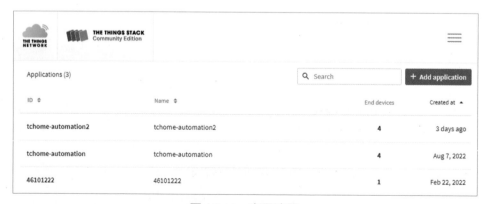

圖 10.10　應用清單

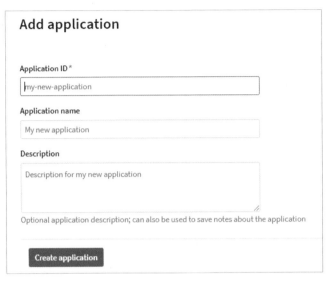

圖 10.11　應用設定

4. 終端裝置（**End device**）設定

(1) 新增終端裝置：點擊 Applications 頁籤 > End devices > + Add end device。
圖 10.12 顯示已建立的 5 個終端裝置。

圖 10.12　終端裝置清單

(2) 註冊終端裝置：選擇終端裝置 From The LoRaWAN Device Repository 或 Manually，若 LoRa 收發器已登錄在 LoRaWAN，選前者，否則選後者。 R01-H 或 RFM95W 與 Arduino Pro Mini 組成的 LoRa 節點屬於自行組 裝，須以手動方式（Manually）建立，選 Manually，如圖 10.13

> Frequency plan：Asia 923-925 MHz

> LoRaWAN version：LoRaWAN Specification 1.0.2

> Regional Parameters version：RP001 Regional Parameters 1.0.2 revision B

> Activation Mode：點擊 **Show advanced activation, LoRaWAN class and cluster settings** 選項，選 Over the air activation（OTAA）（初始 設定）

> 點擊「Generate」分別產生 3 個數碼：

  ● DevEUI

  ● AppEUI

  ● AppKey

  AppEUI 均為 0x00，DevEUI 為唯一辨識碼，若出現已有人使用，可以 試著將第 4、5 位元組（中間 2 個）設為 FF

> 在 End device ID 欄位填上適當的終端裝置識別名稱，可以給一個有 意義的名稱，若未命名，系統會自動填上 eui+DevEUI

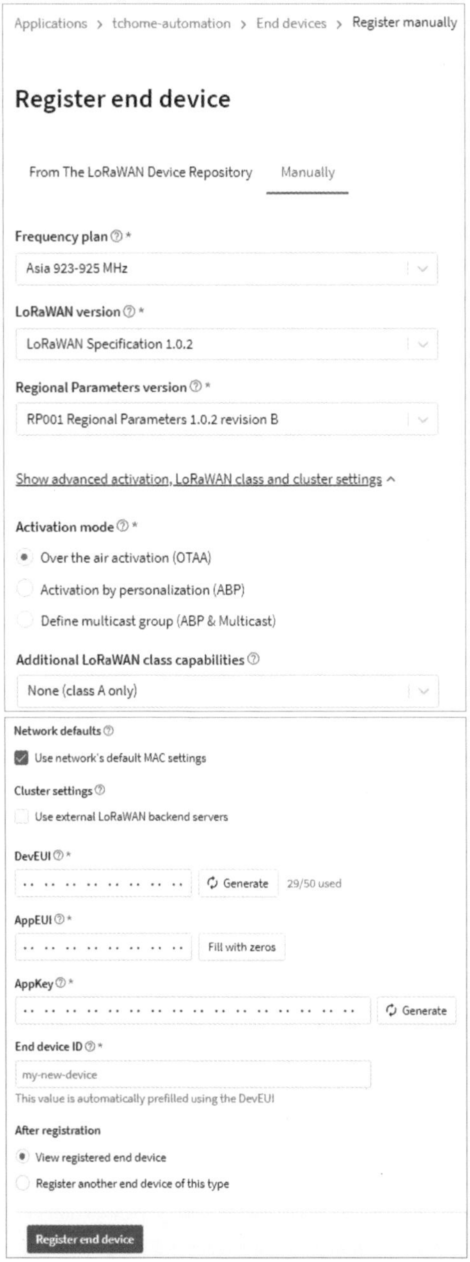

Applications > tchome-automation > End devices > Register manually

Register end device

From The LoRaWAN Device Repository   Manually

Frequency plan ⑦ *

Asia 923-925 MHz

LoRaWAN version ⑦ *

LoRaWAN Specification 1.0.2

Regional Parameters version ⑦ *

RP001 Regional Parameters 1.0.2 revision B

Show advanced activation, LoRaWAN class and cluster settings ∧

Activation mode ⑦ *

● Over the air activation (OTAA)

○ Activation by personalization (ABP)

○ Define multicast group (ABP & Multicast)

Additional LoRaWAN class capabilities ⑦

None (class A only)

Network defaults ⑦

☑ Use network's default MAC settings

Cluster settings ⑦

☐ Use external LoRaWAN backend servers

DevEUI ⑦ *

.. ..   ↻ Generate   29/50 used

AppEUI ⑦ *

.. ..   Fill with zeros

AppKey ⑦ *

.. ..   ↻ Generate

End device ID ⑦ *

my-new-device

This value is automatically prefilled using the DevEUI

After registration

● View registered end device

○ Register another end device of this type

Register end device

圖 10.13　終端裝置設定

(3) 完成終端裝置設定，如圖 10.14，以 End device ID 為 room1 為例

➤ DevEUI 採用 little endian，低位元排在前面（LSB），點擊「<>」、「雙箭頭」切換，顯示 lsb

➤ AppKey 採用 big endian，高位元排在前面（MSB），顯示 msb

這些數碼產生後，複製、黏貼至 Arduino Pro Mini 程式。

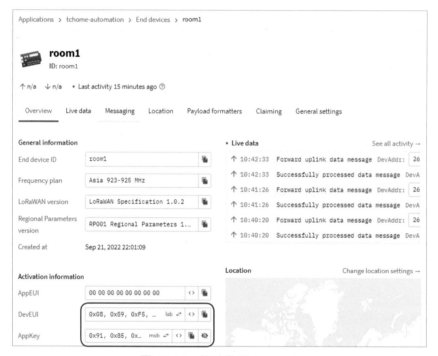

圖 10.14　終端裝置：room1

5. **TTN 整合應用**

利用 Node-RED 的 MQTT 結點讀取 LoRa 節點所上行至 TTN 雲端伺服器的
資料。

(1) 選擇應用：點擊側邊選單 Integration > MQTT。本例應用 ID 為 tchome-
automation。

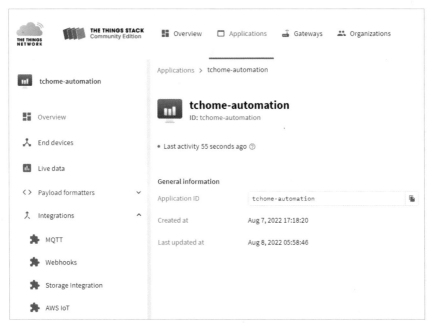

圖 10.15　整合應用

(2) 產生 API Key：MQTT 伺服器為 au1.cloud.thethings.network:1883，使用者名稱為 < 應用 ID>@ttn，應用 ID 為 tchome-automation，使用者名稱 tchome-automation@ttn，點擊「Generate new APIkey 產生密碼」，將此密碼儲存備用。註：若未儲存或遺失密碼，可以重新產生。

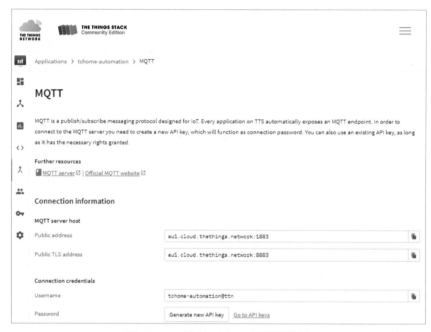

圖 10.16　連結 MQTT 伺服器資訊

6. 訊息格式器

　　「訊息格式器」（payload formatter）是 TTN 用來處理上行或下行資料的工具，可以依據使用者需求設定輸出資料格式。它分成應用（application）與終端裝置（end device）兩個層級，終端裝置可以直接採用應用層級的格式器。若在同一個應用不同終端裝置使用不同的格式器時，需在各終端裝置設定。**「訊息格式器」關乎傳送資料的解讀是否正確，因此在利用 TTN 前必須充分了解「格式器」與正確設定。**在此僅說明基本內容：

🛜 應用層級格式器

1. 上行格式器：側邊選單 > Payload formatter > Uplink。選原提供的格式器 Custom Javascript formatter，毋須更動內容，點按 Save changes。這個格式器讀取輸入參數的位元組（input.bytes），如圖 10.17。Node-RED 流程利用這格式解析資料內容。

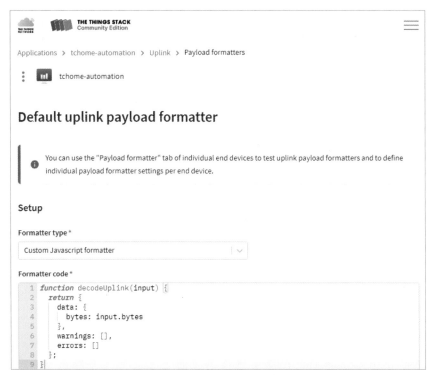

圖 10.17　上行資料格式器

2. 下行資料格式器：Node-RED 組下行資料，未用到格式器，選 None，點按 Save changes，如圖 10.18。

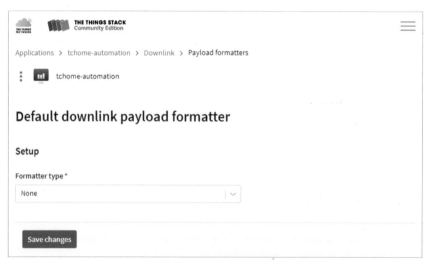

圖 10.18　下行格式器

終端裝置格式器

完成應用層級格式器設定後，至各終端裝置編輯格式器，如圖 10.19，終端裝置 ID 為 room1，打開 Payload formatters 頁籤

■ Use application payload formatter：使用應用層級格式器

■ Use custom payload formatter：自訂格式器

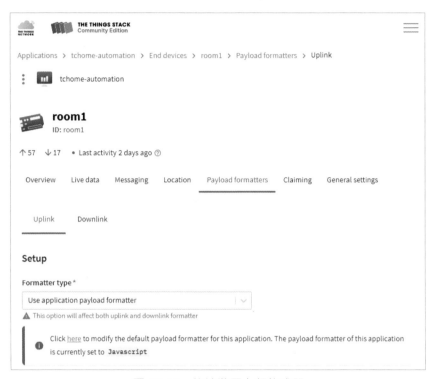

圖 10.19　終端裝置上行格式器

※ 請務必做好「格式器」設定。

10.3　LMIC 函式庫

當終端裝置要連上 TTN，除了利用 Arduino IDE 開發程式外，還須使用特定的函式庫，本書採用「LMIC 函式庫」，LMIC 為 LoRaWAN-MAC-in-C 的頭字語，是 IBM 所發展的 LoRaWAN 函式庫。初期 LMIC 1.5 版僅支援 EU-868（歐洲）、US-915（美國）頻段，以及 SX1272 收發器。在 LMIC 1.5 版之後，MCCI 公司專為 Arduino 量身打造，開發 MCCI Arduino LoRaWAN Library，目前版本為 4.1.1，涵蓋更多功能，它除 SX1272 外，也支援 SX1276 收發器，同時包含

AS-923 頻段，提供 Arduino 裝置連接至 TTN 或其他 LoRaWAN 網路。Arduino LMIC 支援 LoRaWAN 1.0.2、1.0.3 Class A。請下載相關函式庫壓縮檔安裝，Arduino 官網：https://www.arduino.cc/reference/en/libraries/mcci-lorawan-lmic-library/，或 github 網址：https://github.com/mcci-catena/arduino-lmic。

開發 LoRaWAN 的應用，可以藉 LMIC 函式庫提供的 API、run-time、callback 等函式以及全域資料結構來撰寫應用程式。LMIC 函式庫提供以事件為基礎的程式模式，所有通訊協定的事件由回呼函式 onEvent 派遣。

1. 執行時期函式（**run-time functions**）

    (1) os_init：初始化，呼叫 os_init_ex 函式。

    (2) os_init_ex：為了加速各平台使用 LMIC 函式庫，利用任一索引指向各種平台資料。

    (3) os_setCallback：準備立即可以執行的工作（job）。

    (4) os_setTimedCallback：預約執行回呼函式時間。

    (5) os_runloop_once：根據計時器與執行貯列，實施「執行時期」的工作。

    (6) os_getTime：讀取系統時間（單位：ticks）。（註：初始設定 1s=32768 ticks）

    (7) sec2osticks：秒數轉成 ticks。

2. **API** 函式

    利用 LMIC 函式庫提供 API 函式控制 MAC 狀態與觸發通訊協定行動，主要 API 函式：

    (1) LMIC_reset：重置 MAC（Medium Access Control）狀態，目前會議（session）與未完成傳輸資料將被棄置。

    (2) LMIC_startJoining：開始連接網路，產生 EV_JOINING 與 EV_JOINED、或 EV_JOIN_FAILED 等事件。

    (3) LMIC_tryRejoin：檢查附近是否有網路可以連接，如果沒有新的網路，會

議（session）維持在原來的網路，產生 EV_JOINED、或 EV_REJOIN_
FAILED 事件。

(4) LMIC_setSession：設定靜態會議參數。

(5) LMIC_setupBand：占空比初始化。

(6) LMIC_setupChannel：產生新頻道或修改原頻道，4 個引數

> 頻道編號

> 頻率：例如 923.2MHz，以 923200000 表示

> 資料傳輸率：DR_RANGE_MAP（DR_SF12, DR_SF7），其中巨集
DR_RANGE_MAP 定義在 lmic.h，用來建立從最低至最高傳輸率的位
元映射圖（bit map）

> 占空比

● BAND_CENTI：1%

● BAND_MILLI：0.1%

(7) LMIC_disableChannel：特定頻道禁能。

(8) LMIC_setAdrMode：「資料傳輸率適應調整」致能或禁能，1 個引數，1
表示致能，0 表示禁能。

(9) LMIC_setLinkCheckMode：「連結確認」致能或禁能，1 個引數，1 表示
致能，0 表示禁能。

(10) LMIC_setDrTxpow：設定資料傳輸率與傳輸功率，需在「資料傳輸率適
應調整」禁能才可以設定。

(11) LMIC_setTxData2：準備在下一個預約時間上行的資料。

(12) LMIC_sendWithCallback：準備在下一個預約時間上行的資料，同時在完
成資料傳輸後執行回呼函式，發布 EV_TXCOMPLETE 事件。

(13) LMIC_clrTxData：移除上行資料。

(14) LMIC_registerRxMessageCb：註冊收到訊息呼叫的回呼函式。

(15) LMIC_registerEventCb：註冊事件發生呼叫的回呼函式

> EV_JOINING：LoRa 節點連接網路中

> EV_JOINED：LoRa 節點連上網路，開始交換資料

> EV_JOIN_FAILED：LoRa 節點連接網路失敗

> EV_TXCOMPLETE：準備好資料以 LMIC_setTxData2 函式傳送，同時
  開啟下行資料「接收窗」待命

> EV_RXCOMPLETE：完成接收下行資料

> EV_RESET：重置會議（session）

> EV_TXSTART：通知 LoRa 節點開始傳輸資料

> EV_TXCANCELED：取消資料傳輸

> EV_RXSTART：開啟「接收窗」

> EV_JOIN_TXCOMPLETE：結束資料傳輸

(16) LMIC_shutdown：停止所有 MAC 活動。

10.4 建立 LoRaWAN 感測網路

本節將利用 TTN、LoRa 收發器建立屬於自己的 LoRaWAN 網路，介紹兩種收發器：Ra-01H、RFM95W，前者附銅線圈天線，後者需另裝 SMA 天線或簡易型單芯銅線。使用收發器前，確認天線已接好，否則收發器會毀損。

1. **LoRa 收發器**

(1) Ra-01H：Ai-Thinker 公司出品，LoRa 引擎為 SX1276，腳位如圖 10.20。

> LoRa 收發器頻率 803 ～ 930MHz，可支援台灣 LoRa 頻段（AS923，
  923 ～ 925MHz）

> 工作電壓 2.7 ～ 3.6V

> 最高訊號輸出 19dBm

> 最高靈敏度 -140dBm

> SPI 介面

> 可程式化資料傳輸率達 300kbps

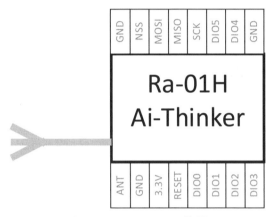

圖 10.20　Ra-01H 腳位圖

(2) RFM95W：HopeRF 公司出品，LoRa 引擎為 SX1276，腳位如圖 10.21。
天線部分，取長度 8.1cm 單芯電線焊在 ATN 接點。註：8.1cm 係以
923MHz 訊號波長的 1/4 計算，可至 https://www.southwestantennas.
com/calculator/antenna-wavelength 或 https://www.66pacific.com/
calculators/quarter-wave-vertical-antenna-calculator.aspx 所提供線上計
算工具計算單芯電線長度

> LoRa 收發器頻段 868 / 915MHz，支援 AS923

> 工作電壓 3.3 ～ 5.5V

> 最高訊號輸出 20dBm

> 最高靈敏度 -136dBm

> SPI 介面

> 可程式化資料傳輸率達 300kbps

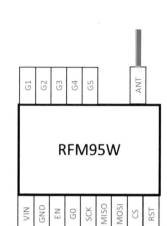

圖 10.21　RFM95W 腳位圖

(3) 利用 LoRa 收發器、微控制器、與感測器組成感測節點，即 TTN 的終端
裝置，其中微控制器為 Arduino Pro Mini，它與 Ra-01H 與 RFM95W 以
SPI 介面連接。有關 Arduino Pro Mini，請詳閱附錄 E。

2. **Arduino Pro Mini 與 LoRa 收發器接線**

前述 2 個 LoRa 收發器與都是採用 SPI 介面，接線方式相同，腳位如表 10.2。

表 10.2　Ra01H/RFM95W 與 Arduino Pro 接線

Ra01H/RFM95W pin	Arduino Pro Mini pin
NSS/CS	10
MOSI	11
MISO	12
SCK	13
RESET/RST	9
DIO0/G0	7
DIO1/G1	8
3V3/VIN	3.3V
GND	GND

3. 以 **USB** 接上電腦，執行 **Arduino IDE**，撰寫程式，即可測試 **LoRaWAN**。

以例題說明如何建立感測網路以及連上 TTN。後面例題使用 TTN 終端裝置清單如表 10.3，確定 ID 後至 TTN 複製 AppEUI、DevEUI、AppKey，黏貼至 Arduino Pro Mini 程式。

表 10.3　各例題終端裝置 ID 對照表

例題	ID
10.3	room1、room2
10.4	room1
10.5	living-room
10.6	garden
10.7	room1

例題 **10.3**

兩個房間

- Room 1：LoRa 收發器、Arduino Pro Mini、DHT11 量測溫濕度
- Room 2：LoRa 收發器、Arduino Pro Mini、DHT22 量測溫濕度

將資料傳至閘道器，再上行至 TTN，運用 Node-RED 流程顯示溫濕度。

電路布置

DHT11、DHT22 訊號腳位接 Arduino Pro Mini 第 3 腳位。LoRa 收發器與 Arduino Pro Mini 接線，選用 Ra-01H 或 RFM95W 收發器接線方式均相同。

範例程式

先在 TTN 增設 2 個終端裝置，ID 為

- room1
- room2

均採用 OTAA 啟動方式,取得各自的 AppEUI、DevEUI、AppKey。

利用 Arduino IDE 編輯 Arduino 程式,根據 LMIC 提供範例(Documents\Arduino\libraries\MCCI_LoRaWAN_LMIC_library-4.1.1\examples\ttn-otaa.ino)修改而成。

01 前置作業:兩個房間微控制器的程式相同,僅需更換 AppEUI、DevEUI、AppKey,溫濕度感測器不同,DHT11 或 DHT22

■ 選用正確開發板、埠號:工具選單 > 開發版 > Arduino Pro or Pro Mini

■ 修改標頭檔案 lmic_project_config.h:使用 SX1276 LoRa 模組,設定 AS923 頻率區域

◆ 檔案路徑:\Documents\Arduino\libraries\MCCI_LoRaWAN_LMIC_library-4.1.1\project_config\lmic_project_config.h

◆ 將下列 3 行解除註解,設定 LoRaWAN 版本、AS923 頻段、SX1276 LoRa 引擎:

```
#define LMIC_LORAM_SPEC_VERSION LMIC_LORAWAN_SPEC_VERSION_1_0_2
#define    CFG_as923        1
#define    CFG_sx1276_radio 1
```

02 OTAA 參數:複製 TTN 產生之 AppEUI、DevEUI、AppKey,黏貼至程式中的 APPEUI、DEVEUI、APPKEY;AppEUI 每位元組均為 0x00,與 DevEUI 採 little-endian 排列,AppKey 為 big-endian。

03 內含標頭檔案

■ lmic.h:LMIC 函式庫

■ hal/hal.h:硬體抽象層(hardware abstract layer)函式庫

■ SPI.h:串列周邊裝置介面函式庫

■ DHT.h:DHT 溫濕度感測模組

04 腳位設定:兩房間 Arduino Pro Mini 使用相同腳位,SS 腳位為 10、RESET 為 9、DIO0 與 DIO1 分別為 7、8,LMIC_UNUSED_PIN 表示未用。

```
const lmic_pinmap lmic_pins = {
    .nss = 10,
    .rxtx = LMIC_UNUSED_PIN,
    .rst = 9,
    .dio = {7, 8, LMIC_UNUSED_PIN},
};
```

05 doEvent 函式：觸發 EV_TXCOMPLETE 事件，若有下行資料可經接收窗取得，本例題並未有下行資料，處理下行資料相關 LMIC 參數留到例題 10.5 說明。

■ os_setTimedCallback：預約執行回呼函式時間，本例間隔 60s 執行 do_send 函式一次

06 do_send 函式：上行資料至 TTN

■ dht.readTemperature：讀取溫度值

■ dht.readHumidity：讀取濕度值

■ 將溫度、濕度值乘以 10，取整數，以 itoa 轉成字串，串接成長度 6 字串（註：在應用端 Node-RED 流程，除以 10 還原溫濕度值）

■ 資料組成：myData 資料型態為 uint_8_t，長度 6 陣列

■ LMIC_setTxData2 函式：執行上行資料傳送，4 個引數，第 1 個引數為 FPort 埠號，初設值為 1，第 2 個引數為上行資料，第 3 個引數為資料長度，第 4 個為上行後是否需回應，0 為不需回應，1 則需回應，採用不需回應

07 setup 部分：

■ 設立 923.2 至 924.6MHz 等 8 個頻率，DR_RANGE_MAP 為資料傳輸率映射位元圖，BAND_CENTI 表示 1% 占空比，

```
LMIC_setupChannel(0, 923200000, DR_RANGE_MAP(DR_SF12, DR_SF7),
BAND_CENTI);
LMIC_setupChannel(1, 923400000, DR_RANGE_MAP(DR_SF12, DR_SF7),
BAND_CENTI);
```

```
LMIC_setupChannel(2, 923600000, DR_RANGE_MAP(DR_SF12, DR_SF7),
BAND_CENTI);
LMIC_setupChannel(3, 923800000, DR_RANGE_MAP(DR_SF12, DR_SF7),
BAND_CENTI);
LMIC_setupChannel(4, 924000000, DR_RANGE_MAP(DR_SF12, DR_SF7),
BAND_CENTI);
LMIC_setupChannel(5, 924200000, DR_RANGE_MAP(DR_SF12, DR_SF7),
BAND_CENTI);
LMIC_setupChannel(6, 924400000, DR_RANGE_MAP(DR_SF12, DR_SF7),
BAND_CENTI);
LMIC_setupChannel(7, 924600000, DR_RANGE_MAP(DR_SF12, DR_SF7),
BAND_CENTI);
```

有關頻段請參閱 https://www.thethingsnetwork.org/docs/lorawan/frequency-plans/

08 loop 部分：呼叫 os_runloop_once()。

部分程式碼：僅列出增添或修改部分，完整程式請至博碩網站下載。

```
#include <lmic.h>
#include <hal/hal.h>
#include <SPI.h>
#include <DHT.h>
#define DHT_pin 3
#define DHT_type DHT11   // 或 DHT22
DHT dht(DHT_pin, DHT_type);
static const u1_t PROGMEM APPEUI[8]={ ur_APPEUI };
void os_getArtEui (u1_t* buf) { memcpy_P(buf, APPEUI, 8);}
static const u1_t PROGMEM DEVEUI[8]={ ur_DEVEUI };
void os_getDevEui (u1_t* buf) { memcpy_P(buf, DEVEUI, 8);}
static const u1_t PROGMEM APPKEY[16] = {ur_APPKEY};
void os_getDevKey (u1_t* buf) { memcpy_P(buf, APPKEY, 16);}
...
static osjob_t sendjob;
const unsigned TX_INTERVAL = 60;

// Pin mapping
```

```
const lmic_pinmap lmic_pins = {
  .nss = 10,
  .rxtx = LMIC_UNUSED_PIN,
  .rst = 9,
  .dio = {7, 8, LMIC_UNUSED_PIN},
};

void onEvent (ev_t ev) {
  ...

  switch(ev) {
    ...

    case EV_TXCOMPLETE:
      Serial.println(F("EV_TXCOMPLETE (includes waiting for RX
windows)"));
      ...

      // Schedule next transmission
      os_setTimedCallback(&sendjob, os_getTime()+sec2osticks(TX_
INTERVAL), do_send);
      break;
    default:
      Serial.print(F("Unknown event: "));
      Serial.println((unsigned) ev);
      break;
  }
}
void do_send(osjob_t* j){
  char buf[5];
  char msg[30] = "";
  uint8_t myData[6];
  int myDataSize;
  int humi = dht.readHumidity()*10;
  int temp = dht.readTemperature()*10;
  if ( isnan(humi) || isnan(temp) ) {
    Serial.println(F("Failed to read from DHT sensor!"));
    return;
  }
  itoa(temp, buf, 10);
  strcat(msg, buf);
  itoa(humi, buf, 10);
```

```
  strcat(msg, buf);
  Serial.println(msg);
  myDataSize = 6;
  for (int i=0; i < myDataSize; i++) {
    myData[i] = msg[i];
  }
  if (LMIC.opmode & OP_TXRXPEND) {
      Serial.println(F("OP_TXRXPEND, not sending"));
  } else {
      LMIC_setTxData2(1, myData, myDataSize, 0);
      Serial.println(F("Packet queued"));
  }
}
void setup() {
  Serial.begin(115200);
  dht.begin();
  while (!Serial);
  Serial.println(F("Starting"));
  delay(1000);
  os_init();
  LMIC_reset();

  LMIC_setupChannel(0, 923200000, DR_RANGE_MAP(DR_SF12, DR_SF7),
BAND_CENTI);
...
  LMIC_setupChannel(7, 924600000, DR_RANGE_MAP(DR_SF12, DR_SF7),
BAND_CENTI);

  LMIC_setLinkCheckMode(0);
  LMIC.dn2Dr = DR_SF9;
  LMIC_setDrTxpow(DR_SF7,14);
  do_send(&sendjob);
}
void loop() {
  os_runloop_once();
}
```

程式編譯完成上傳至 Arduino Pro Mini，溫濕度值資料開始透過閘道器上行至 TTN 雲端伺服器。

🛜 Node-RED 流程

[01] 流程規劃：1 個 MQTT in、1 個 function、4 個 gauge、1 個 debug 結點，讀取與顯示溫濕度值，如圖 10.22。

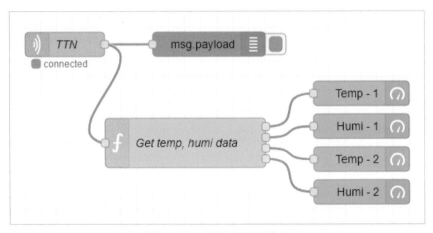

圖 10.22　溫濕度顯示流程

[02] 結點說明

- mqtt in：名 稱 TTN，伺 服 器 au1.cloud.thethings.network，埠 號 1883，MQTT V3.1.1 協定，Client ID 為 TTN 建立應用名稱 @ttn，本例為 tchome-automation@ttn，Username 與 Client ID 相同，輸入在 TTN 取得 MQTT 密碼

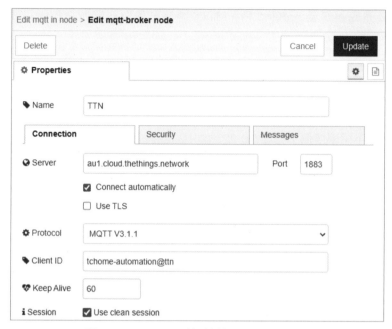

圖 10.23　mqtt in 結點編輯：Connection

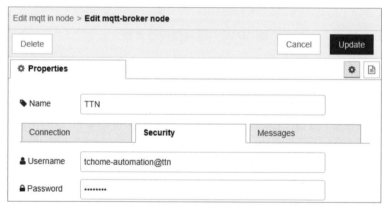

圖 10.24　mqtt in 結點編輯：Security

■ function：名稱 Get temp, humi data，解析 TTN 發布訊息，取得溫濕度值，4
個輸出。可在 mqtt in 輸出端設 debug 結點顯示 TTN 訊息，可以察看資料結
構。在 function 結點主要需 2 個資訊

◆ end_device_ids.device_id：終端裝置 ID，有 2 個終端裝置

◆ uplink_message：終端裝置上行資料，其中 decoded_payload.bytes 有 6 個位元組，前 3 個為 10 倍溫度值，後 3 個為 10 倍濕度值，利用 String. fromCharCode 取得字元，串接後利用 parseFloat 轉成浮點數，再除以 10 得到溫濕度值

這些資訊是 JSON 資料格式（請參閱附錄）必須在正確設定「格式器」後才會正確呈現，可以藉 debug 結點檢視資料。程式中 device_id，請根據 TTN 所建立的終端裝置修改

圖 10.25　function 結點編輯

■ gauge：名稱為 Temp-1、Humi-1、Temp-2、Humi-2，分別為 2 房間的溫度值、濕度值，溫度分布範圍 15 ～ 35，濕度 0 ～ 100

03 使用者介面：如圖 10.26，顯示 Room 1、Room 2 的溫濕度。

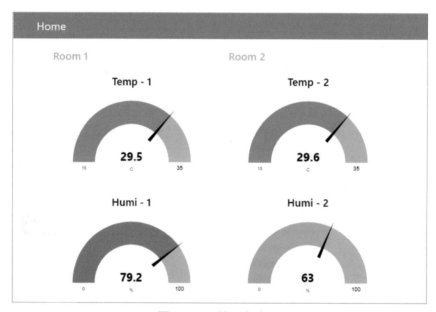

圖 10.26　使用者介面

例題 10.4

房間 room1 花盆架設 LoRa 感測節點：裝設土壤濕度感測器，並將量測值傳至最近的閘道器，再上行至 TTN，利用 Node-RED 流程接收土壤濕度值。

🛜 電路布置

RFM95W 與 Arduino Pro Mini 組成感測節點，土壤濕度感測器類比輸出腳位接至 Arduino Pro Mini A0 腳位。

🛜 範例程式

Arduino Pro Mini 程式：確定終端裝置的 AppEUI、DevEUI、AppKey，本例終端裝置 ID 為 room1，與例題 10.3 僅 so_send 不同。

- analogRead（A0）：讀取 A0 類比訊號，數值為 0 ～ 1023，完全乾燥情況下是 1023

- map（moisture, 0, 1023, 100, 0）：將濕度讀值轉換至 0 ～ 100，這數值代表相對的濕度值

  註：可利用儀器測出實際值，建立轉換關係式進一步應用

- itoa（moisture, buf, DEC）：將濕度值轉成十進位字串

```
void do_send(osjob_t* j){
  char buf[3];
  int moisture = analogRead(A0);
  moisture = map(moisture, 0, 1023, 100, 0);
  itoa(moisture, buf, DEC);
  Serial.println(buf);
  uint8_t myData[3];
  int myDataSize = 3;
  for (int i=0; i < myDataSize; i++) {
    myData[i] = buf[i];
  }
  if (LMIC.opmode & OP_TXRXPEND) {
      Serial.println(F("OP_TXRXPEND, not sending"));
  } else {
      LMIC_setTxData2(1, myData, myDataSize, 0);
      Serial.println(F("Packet queued"));
  }
}
```

🛜 Node-RED 流程

01 流程規劃：1 個 mqtt in、1 個 function、1 個 gauge 結點，其中 mqtt in 結點與例題 10.3 相同

圖 10.27 讀取土壤濕度流程

(02) 結點說明

■ function：名稱 Get moisture data，解析 TTN 發布訊息，取得土壤濕度值

◆ msg.payload.uplink_message：上行資料 data

◆ msg.payload.end_device_ids.device_id：終端裝置 ID，本例 device_id 為 room1，請根據 TTN 所建立的終端裝置修改

◆ data.decoded_payload.bytes：上行資料解碼位元組陣列

◆ String.fromCharCode 函式：將位元組轉成字元

◆ join 函式：串接字元

圖 10.28　function 結點編輯

■ gauge：名稱 Moisture，Level 型態，min 為 0，max 為 100

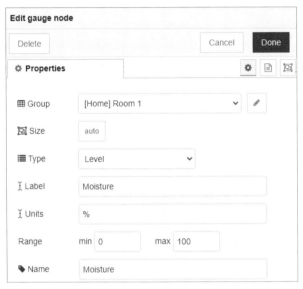

圖 10.29　gauge 結點編輯

03 使用者介面，結果顯示如圖 10.30，左側為乾燥狀態，右側是潮濕狀態（以沾濕的衛生紙貼附在感測器）。

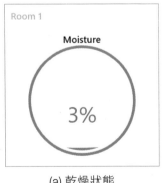

(a) 乾燥狀態

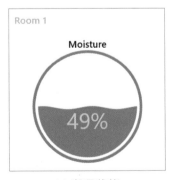

(b) 潮濕狀態

圖 10.30　土壤濕度顯示

例題 10.5

客廳（living-room）電燈開關控制系統，利用 LoRa 收發器、Arduino Pro Mini 組成節點，控制 4 個電燈開關。LoRa 收發器將電燈狀態資料傳至閘道器，再上行至 TTN，運用 Node-RED 流程顯示電燈使用狀態。同時，Node-RED 流程設 switch 開關控制電燈開啟或關閉，以繼電器的激磁或失磁控制電燈開關電路的接點。

📶 電路布置

完成 LoRa 收發器與 Arduino Pro Mini 接線，LoRa 收發器選用 Ra-01H 或 RFM95W 收發器接線方式均相同。使用 Arduino Pro Mini 第 3、4、5、6 腳位控制電燈開關。本例採低準位激磁（active low）繼電器。

📶 範例程式

先在 TTN 增設終端裝置，名稱為 living-room，取得 AppEUI、DevEUI、AppKey。Arduino Pro Mini 程式：上行 4 個電燈使用狀態訊息，接收下行指令訊息。部分程式碼與前面例題相同者，不再重複列出。

01 宣告 sw_status、sw_pin，長度 4 陣列，分別是電燈使用狀態、腳位編號。

02 doEvent 函式：觸發 EV_TXCOMPLETE 事件處理 TTN 下行資料，

- LMIC.dataLen：資料長度
- LMIC.frame：接收位元組陣列

  索引 LMIC.dataBeg-1：接收埠號，本例以 10 為接收埠

  索引 LMIC.dataBeg ～ LMIC.dataBeg+LMIC.dataLen-1：下行資料內容

- 本例 LMIC.dataLen=2，下行資料為 LMIC.frame[LMIC.dataBeg] 與 LMIC.frame[LMIC.dataBeg+1] 兩個位元組，第 1 個為腳位編號，減掉 48 即為 sw_pin 的索引，第 2 個為指令，值等於 48 時，對應腳位高準位，等於 49 時，對應腳位低準位
- 更新電燈狀態陣列 sw_status

Node-RED 的 MQTT 結點組成下行資料，必須先轉成 Base64 碼再傳送，而 LoRa 節點所接收到的資料為 ASCII 碼。

註：Base64 係二進位資料編碼方法，它運用 3 個位元組表示 4 個字元，也就是每一個字元僅以 6 個位元表示，這些字元包括大小寫英文字母（52 個）、數字（10 個）、外加 2 個其他字元，共 64 個。（https://zh.wikipedia.org/wiki/Base64）

03 do_send 函式：將當時的電燈狀態 sw_status 組成長度 4 的上行資料。

04 setup 函式：4 個電燈控制腳位設為輸出模式，起始均為高準位。

```
....
static uint8_t sw_status[4] = {48, 48, 48, 48};
int sw_pin[4] = {3, 4, 5, 6};
const unsigned TX_INTERVAL = 60;
....
void onEvent (ev_t ev) {
  ...
  switch(ev) {
    ...
    case EV_TXCOMPLETE:
    ...
        if (f_port == 10) {
          uint8_t sw_no = LMIC.frame[LMIC.dataBeg];
          uint8_t result = LMIC.frame[LMIC.dataBeg+1];
          Serial.println(result);
          sw_no = sw_no - 48;
          if (result == 48) { // relay OFF
            digitalWrite(sw_pin[sw_no], HIGH);
            sw_status[sw_no] = 48;
          } else if (result == 49) { // relay ON
            digitalWrite(sw_pin[sw_no], LOW);
            sw_status[sw_no] = 49;
          }
        }
    ...
void do_send(osjob_t* j){
  int myDataSize = 4;
  uint8_t myData[myDataSize];
  Serial.println(" ");
```

```
  for (int i=0; i < myDataSize; i++) {
    myData[i] = sw_status[i];
    Serial.print(myData[i]);
  }
  ...
void setup() {
  ...
  for (int i=0; i<4; i++) {
    pinMode(sw_pin[i], OUTPUT);
    digitalWrite(sw_pin[i], HIGH);
  }
  ...
void loop() {
  os_runloop_once();
}
```

📶 Node-RED 流程

TTN 公平使用規則在下行（Downlink）配額相當有限（每 24 小時僅 10 筆資料），必須審慎規劃使用。

01 流程規劃：如圖 10.31，1 個 mqtt in、1 個 mqtt out、3 個 function、4 個 switch、4 個 colour picker、1 個 inject、2 個 debug 結點。

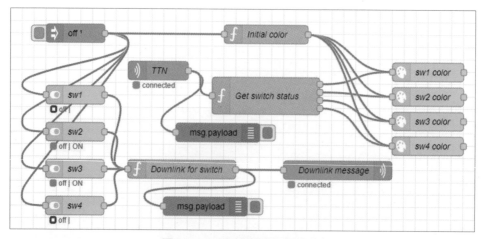

圖 10.31　電燈開關控制流程

02 結點說明

- mqtt in/out：伺服器 au1.cloud.thethings.network、Client ID 與 Username 為 tchome-automation@ttn，輸入 Password，請參考例題 10.3 步驟

- switch：名稱分別為 sw1、sw2、sw3、sw4，On Payload 與 Off Payload 設定選「buffer」，由 2 碼組成，第 1 碼表示電燈開關編號，第 2 碼為狀態，以 sw1 為例

  ◆ On Payload：[48, 49]，48（0 的 ASCII 碼）表示編號 0 的電燈開關，49（1 的 ASCII 碼）表示開啟

  ◆ Off Payload：[48, 48]，第 2 個 48 表示關閉

  ◆ Topic：v3/<app-id>@ttn/devices/<device-id>/down/push，本例 app-id 為 tchome-automation、device-id 為 living-room，完整 Topic 為 v3/tchome-automation@ttn/devices/living-room/down/push

  ◆ 選「Switch icon shows state of the output」

  其餘 3 個 switch 結點作法相同，sw2、sw3、sw4 依序編號 49(1)、50(2)、51(3)。

圖 10.32　switch 結點編輯

■ colour picker：除了可以挑選顏色外，也可以作為顏色顯示器，本例用於顯示
電燈使用狀態，名稱分別為 sw1 color、sw2 color、sw3 color、sw4 color，
以 sw1 color 為例，設定 Format 為 rgb，即 RGB 圖層的灰階值，由前一個結
點 payload 設定

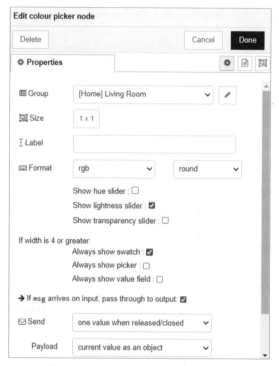

圖 10.33　colour picker 結點編輯

■ inject：用於 4 個 switch 結點初始化，Payload 設為 off 字串，勾選「Inject
once after 0.1 seconds」，後面連接 switch 結點為 off 狀態

圖 10.34　inject 結點編輯

■ function：名稱 Initial color，設定 colour picker 初始顏色，均設為紅色，msg. payload = {"r": 255, "g":0, "b": 0}

圖 10.35　function 結點編輯：Initial color

- function：名稱 Get switch status，取得 LoRa 節點 4 個電燈使用狀態，payload 為 4 個位元組，48 表示關閉，49 表示啟用，關閉狀態紅色，啟用狀態綠色，4 個顏色訊息輸出，記錄 4 個顏色，只要狀態未改變，顏色不會更動

```javascript
Edit function node > JavaScript editor                    Cancel    Done

1   let msg1 = [{},{},{},{}];
2   const color = ["color1", "color2", "color3", "color4"];
3 ▾ for (let i=0; i<4; i++) {
4       msg1[i].payload = flow.get(color[i]) || {"r": 255, "g":0, "b": 0};
5 ▴ }
6   let data = msg.payload.uplink_message;
7 ▾ if (data) {
8       let temp = data.decoded_payload.bytes;
9 ▾     if (temp.length == 4) {
10▾         for (let i = 0; i< 4; i++) {
11▾             if ( temp[i] == 49) {
12                  msg1[i].payload = {"r": 0, "g":255, "b": 0};
13▾             } else {
14                  msg1[i].payload = {"r": 255, "g":0, "b": 0};
15▴             }
16▴         }
17▴     }
18▾     for (let i=0; i<4; i++) {
19          flow.set(color[i], msg1[i].payload);
20▴     }
21▴ }
22  return [msg1[0], msg1[1], msg1[2], msg1[3]];
```

圖 10.36　function 結點編輯：Get switch status

- function：名稱 Downlink for switch，根據 TTN 文件（https://www.thethingsindustries.com/docs/integrations/node-red/send/）指示組成下行資料，承接 switch 結點的 topic、payload
  ◆ f_port：10，與 Arduino 程式一致
  ◆ msg.payload.toString（"base64"）：將 switch 結點輸出的 payload 轉成 base64 編碼字串

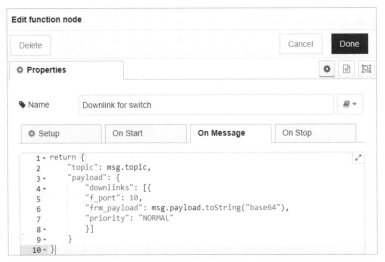

圖 10.37　function 結點編輯：Downlink for switch

03 使用者介面：如圖 10.38，sw2、sw3 為開啟狀態，sw1、sw4 為關閉狀態。由於電燈使用狀態為終端裝置下一次的上行資料，因此 colour picker 在操作 switch 後並不會立即改變顏色，本例傳送上行資料間隔為 60s（TX_INTERVAL = 60），顏色改變至少會延遲 60s。

圖 10.38　使用者介面

例題 10.6

利用 Node-RED 流程控制花圃（garden）花盆澆水的抽水幫浦，設定每日 08:00 開始澆水 5 分鐘，當澆水時間到，指令傳至 TTN，TTN 下行資料至終端裝置，透過閘道器傳至 LoRa 收發器，控制抽水幫浦電路接點的繼電器激磁，幫浦啟動開始澆水；停止澆水時間到，依相同流程執行使繼電器失磁，幫浦停止。

🛜 電路布置

完成 LoRa 收發器與 Arduino Pro Mini 接線，選用 Ra-01H 或 RFM95W 收發器接線方式均相同。使用 Arduino Pro Mini 第 4 腳位控制繼電器，本例採低準位激磁（active low）。

🛜 範例程式

應用 Node-RED 的 timerswitch 控制抽水幫浦，下行資料的處理方式與<u>例題 10.5</u> 相同，先在 TTN 增設終端裝置，ID 為 garden，取得 AppEUI、DevEUI、AppKey。

Arduino Pro Mini 程式：上行幫浦使用狀態訊息，接收下行指令訊息。部分程式碼與前面例題相同者，不再重複列出。

01 定義控制抽水幫浦腳位 watering_pin，宣告幫浦使用狀態變數 watering_status。

02 doEvent 函式：EV_TXCOMPLETE 事件處理 TTN 下行資料，長度為 1 的字元組，值等於 48 時，對應腳位高準位，值等於 49 時，對應腳位低準位，同時更新 watering_status。

03 do_send 函式：將當時幫浦使用狀態 watering_status 組成上行資料。

04 setup 函式：抽水幫浦電路控制腳位設為輸出模式，起始為高準位。

完成程式上傳，可以打開串列監視器查看執行情形。

```
...
#define watering_pin 4
...
static uint8_t watering_status = 48;
const unsigned TX_INTERVAL = 60;
...
void onEvent (ev_t ev) {
  Serial.print(os_getTime());
  Serial.print(": ");
  switch(ev) {
    case EV_TXCOMPLETE:
      ...
        if (f_port == 10) {
          uint8_t result = LMIC.frame[LMIC.dataBeg];
          Serial.println(result);
          if (result == 48) { // relay OFF
            digitalWrite(watering_pin, HIGH);
            watering_status = 48;
          } else if (result == 49) { // relay ON
            digitalWrite(watering_pin, LOW);
            watering_status = 49;
          }
        }
      ...
void do_send(osjob_t* j){
  int myDataSize = 1;
  uint8_t myData[myDataSize];
  Serial.println(" ");
  myData[0] = watering_status;
  Serial.println(myData[0]);
  ...
void setup() {
  Serial.begin(9600);
  while (!Serial); // wait for Serial to be initialized
  pinMode(watering_pin, OUTPUT);
```

```
  digitalWrite(watering_pin, HIGH);
  ...
void loop() {
  os_runloop_once();
}
```

📶 Node-RED 流程

[01] 流程規劃：如圖 10.39，1 個 mqtt in、1 個 mqtt out、1 個 timerswitch、2 個 function、1 個 colour picker、1 個 inject、2 個 debug 結點。

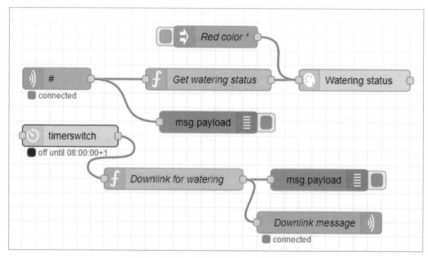

圖 10.39　抽水幫浦控制流程

[02] 結點說明

■ mqtt in/out：伺服器 au1.cloud.thethings.network、Client ID 與 Username 為 tchome-automation@ttn，輸入 Password，Topic 分別為

◆ mqtt in：#，所有主題

◆ mqtt out：v3/tchome-automation@ttn/devices/garden/down/push

■ timerswitch：ON 設 08:00，OFF 設 08:05，On Payload 為 on，Off Payload 為 off，均為小寫

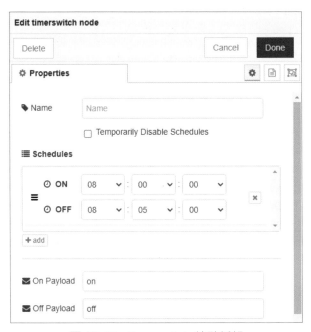

圖 10.40 timerswitch 結點編輯

■ function：名稱 Get watering status

◆ 澆水狀態：綠色，{"r": 0, "g": 255, "b": 0}

◆ 停止狀態：紅色，{"r": 255, "g": 0, "b": 0}

◆ flow 變數 color 記錄顏色

圖 10.41　function 結點編輯：Get watering status

■ function：名稱 Downlink for watering，組下行資料控制抽水幫浦，只有在
開始澆水與停止澆水的當下組成下行資料（本例分別為 08:00、08:05），
整個澆水過程只執行 2 次下行，取得澆水指令 [watering] 與目前澆水狀態
[status]，判斷是否啟動下行 [action]，下行資料 [commands]：澆水 [49]、停
止澆水 [48]，控制邏輯如表 10.4。

表 10.4　澆水幫浦控制邏輯表

watering	status	action	commands
on	off	on	[49]
off	on	on	[48]
on	on	off	
off	off	off	

◆ Buffer 為 JavaScript 類別用於處理原始二進制數據，例如：Buffer.from([48], 'utf8').toString("base64")，完成編碼字串為 "MA=="，其中 'utf8' 為初始設定，可省略設定

◆ action = "on"：組成下行資料，"frm_payload" 為指令 commands

◆ flow 變數 status 記錄澆水狀態

Edit function node > **JavaScript editor**

                       Cancel   Done

```javascript
1   let watering = msg.payload;
2   let status = flow.get("status") || "off";
3   let action = "off";
4   let commands = [];
5   const device_id = flow.get("device_id");
6   if (watering == "on" && status == "off") {
7       commands = Buffer.from([49]).toString("base64");
8       flow.set("status", "on");
9       action = "on";
10  } else if (watering == "off" && status == "on") {
11      commands = Buffer.from([48]).toString("base64");
12      flow.set("status", "off");
13      action = "on";
14  } else {
15      action = "off";
16  }
17  if (action == "on") {
18      return {
19          "payload": {
20              "downlinks": [{
21                  "f_port": 10,
22                  "frm_payload": commands,
23                  "priority": "NORMAL"
24              }]
25          }
26      }
27  }
```

圖 10.42　function 結點編輯：Downlink for watering

■ colour picker：名稱 Watering status，顯示澆水狀態，與例題 10.5 相同

[03] 使用者介面：如圖 10.43，未澆水時 colour picker 顯示紅色，08:00 ～ 08:05 澆水中顯示綠色。

(a) 未澆水狀態　　　　　　　　　(b) 澆水狀態

圖 10.43　使用者介面

例題 10.7

門口設被動式紅外線感測器（PIR sensor）接至 LoRa 收發器，當有物體接近觸發感測器，上行觸發訊號至 TTN，利用 Node-RED 流程接收資訊，顯示觸發時間。註：被動式紅外線感測器可用於人物的移動，正常狀態輸出低準位，背景改變時，輸出高準位。

📶 電路布置

RFM95W 與 Arduino Pro Mini 組成感測節點，設被動式紅外線感測器接 3.3V、GND，訊號輸出接 Arduino Pro Mini 第 4 腳位，如圖 10.44。

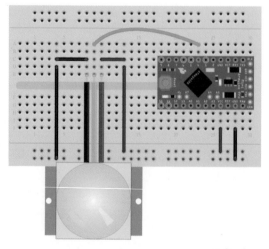

圖 10.44　PIR 感測器電路

📶 範例程式

Arduino Pro Mini 程式：確定終端裝置的 AppEUI、DevEUI、AppKey，本例終端
裝置 ID 為 room1。回呼函式 do_send 偵測 PIR 感測器狀態

- ▪ #define PIR_pin 4

- ▪ digitalRead（PIR_pin）：讀取腳位準位

- ▪ debounce、max_debounce：PIR 感測器輸出高準位，利用 debounce 超過
  max_debounce 來判定狀態是否穩定

- ▪ 間隔 30s 上行 PIR 感測器狀態

```
unsigned const max_debounce = 200;
unsigned int debounce = 0;
void do_send(osjob_t* j){
  char buf[1] = {48};
  bool change_status = false;
  while (digitalRead(PIR_pin) == HIGH && !change_status) {
    if (debounce > max_debounce) {
      buf[0] = 49;
      debounce = 0;
      change_status = true;
    }
    else {
      debounce ++;
    }
  }
  Serial.println(buf[0]);
  uint8_t myData[1];
  int myDataSize = 1;
  myData[0] = buf[0];
  if (LMIC.opmode & OP_TXRXPEND) {
    Serial.println(F("OP_TXRXPEND, not sending"));
  } else {
    LMIC_setTxData2(1, myData, myDataSize, 0);
    Serial.println(F("Packet queued"));
  }
  change_status = false;
}
```

Node-RED 流程

[01] 流程規劃：如圖 10.45，1 個 mqtt in、2 個 function、1 個 text 結點，其中 mqtt in 與例題 10.3 相同。

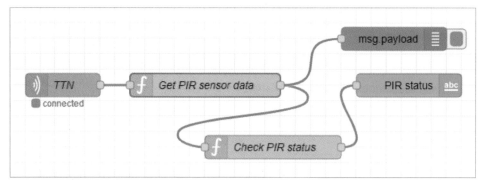

圖 10.45　讀取 PIR 感測器狀態流程

[02] 結點說明

■ function：名稱 Get PIR sensor data，解析 TTN 發布訊息，取得 PIR 狀態，本例 device_id 為 room1

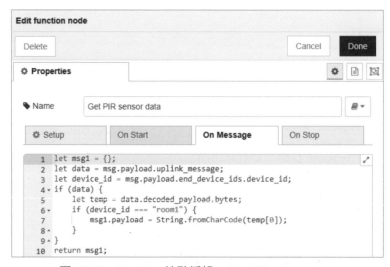

圖 10.46　function 結點編輯：Get PIR sensor data

■ function：名稱 Check PIR status，組成 PIR 感測器狀態、時間訊息

　◆ PIR_status、previous_status：根據兩數值，判斷狀態是否改變

　◆ flow.set（'previous_status', PIR_status）：記錄 PIR 感測器狀態

圖 10.47　function 結點編輯：Check PIR status

03 使用者介面：結果顯示如圖 10.48，圖左是 PIR 感測器輸出高準位，圖右輸出低準位。註：可以調整 PIR 感測器敏感度與維持高準位時間。

圖 10.48　PIR 感測器狀態顯示

📶 後記

TTN 為免費使用的社群平台，若超出「公平使用原則」的上行或下行限量時，
TTN Console 出現 Fail to connect to MQTT 訊息，將會發生暫時無法進行上行或
下行的情形，造成的可能原因有：上行時間間隔太短、資料量太多、或下行次數
太多等，應在檢討使用情形後調整使用方式。**若為測試目的，權宜之計可以另新
增應用或終端裝置。**

10.1 利用 LoRa 感測節點建立 LoRaWAN 網路，以光敏電阻量測房間光亮程度，並上行資料至 TTN。應用端以 Node-RED 流程監看房間光亮程度。

10.2 利用 LoRa 感測節點建立 LoRaWAN 網路，以 DHT11 溫濕度感測器量測房間溫度，並上行資料至 TTN。應用端以 Node-RED 流程監看房間溫度，設定自動與手動方式控制風扇，自動控制 (ESP32 端)：溫度高於 30 ℃，開啟風扇，低於 24 ℃，關掉風扇；手動控制 (Node-RED 端)：直接開啟或關閉風扇。

10.3 如習題 9.3，LoRa 感測節點裝設一磁簧開關（或門窗開關），當窗戶打開時，上行資料至 TTN，在 Node-RED 使用者介面顯示窗戶開啟狀態，同時發布訊息至 LINE 群組。

1. IBM Long Range Signaling and Control - IBM LoRaWAN MAC in C (LMiC)
（1.5 版）：https://github.com/matthijskooijman/arduino-lmic/blob/master/doc/
LMiC-v1.5.pdf。

2. Arduino LMIC library：https://github.com/mcci-catena/arduino-lmic。

3. Node-RED 與 TTN 整合應用 https://www.thethingsindustries.com/docs/integrations/
node-red/。

4. TTN mqtt api 發布訊息主題與 payload 格式：https://www.thethingsnetwork.
org/docs/applications/mqtt/api/

5. 被動式紅外線感測器：https://learn.adafruit.com/pir-passive-infrared-proximity-
motion-sensor/using-a-pir-w-arduino。

附錄

Appendix

附錄 A　Arduino IDE

Arduino 軟體官網 https://www.arduino.cc/en/software，可以在官網伺服器編輯、上傳、寄存程式，也可以下載至個人電腦進行離線編輯與上傳程式，本附錄說明離線版本。

1.　安裝 IDE

版本 1.8.19，下載網頁如圖 A.1，選正確作業系統，下載完成點擊安裝執行檔。註：2.0 版本雖已問世，但本書所有 Arduino 程式均在 1.8.19 版本環境下開發。

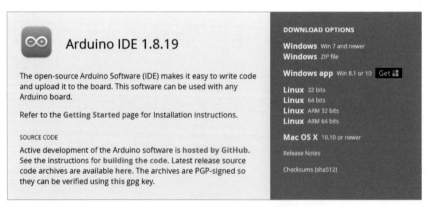

圖 A.1　Arduino IDE 下載網頁

2.　安裝函式庫

執行 Arduino IDE，功能選單草稿碼 > 匯入程式庫 > 程式庫管理員。

(1) LMIC：搜尋 LMIC，選 MCCI LoRaWAN LMIC Library，版本 4.1.1，點擊「安裝」。

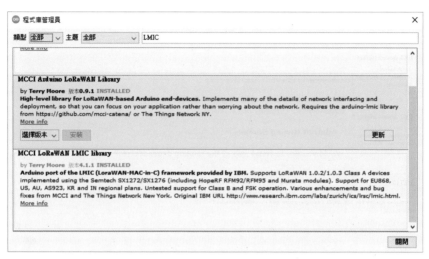

圖 A.2　MCCI LoRaWAN LMIC Library 安裝

(2) DHT：搜尋 DHT，選 DHT sensor library by Adafruit，點擊「安裝」，出現
如圖 A.4 訊息，需再安裝 Adafruit Unified Sensor，點擊「Install all」。

圖 A.3　安裝 DHT sensor library – 1

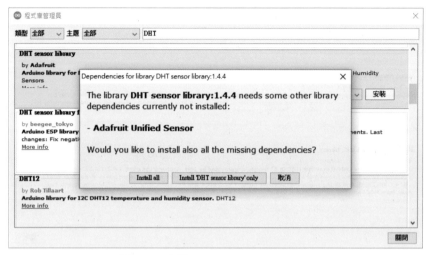

圖 A.4　安裝 DHT sensor library - 2

3. **ESP32** 開發板管理員網址

若要讓 Arduino IDE 識別 ESP32 開發板，需新增額外 ESP32 開發板管理員網址，如圖 A.5，打開功能選單 > 檔案 > 偏好設定，填入網址 https://dl.espressif.com/dl/package_esp32_index.json。重新啟動後，在開發板選單會出現 ESP32 Arduino，其中 NodeMCU-32S 為本書使用的開發板。

圖 A.5　ESP32 開發板管理員網址

4. **Arduino 程式**：以 C 語言撰寫

  (1) 架構：由 2 個區塊組成

    ➤ setup：初始設定

    ➤ loop：執行迴圈

  (2) 串列埠監視器：

    ➤ Serial.begin：開啟串列埠，引數為 Baud 率

    ➤ Serial.print：顯示訊息

    ➤ Serial.println：顯示訊息後換新行

  (3) 數位輸出：

    ➤ pinMode（Pin, OUTPUT）：設定腳位 Pin 為輸出模式

    ➤ digitalWrite（Pin, HIGH）：腳位 Pin 為高準位

    ➤ digitalWrite（Pin, LOW）：腳位 Pin 為低準位

  (4) 數位輸入：

    ➤ pinMode（Pin, INPUT）：設定腳位 Pin 為輸入模式

    ➤ pinMode（Pin, INPUT_PULLUP）：設定腳位 Pin 為輸入模式，使用內部提升電阻

    ➤ digitalRead（Pin）：讀取腳位 Pin 準位

  (5) 類比訊號讀取：

    ➤ analogRead（Pin）：讀取腳位 Pin 類比訊號，若 12 位元解析度，值分布範圍 0 ～ 4095，若 10 位元，分布範圍 0 ～ 1023

附錄 B　Node-RED

「Node-RED」是由 IBM 發展出來以網頁撰寫程式的開源工具軟體，程式以連接結點組成的流程（flow）呈現，可以輕易將硬體、應用程式介面（APIs）、或網頁服務等串接在一起，以更有效的方式建立物聯網。（https://nodered.org）

1.　安裝 Node-RED

　　參考 https://nodered.org/docs/getting-started/ 資料，點擊「Running Node-RED locally」。以 Windows 為例說明：

　　(1)　安裝 Node.js：至官網 https://nodejs.org/en/#home-downloadhead 下載安裝檔，如圖 B.1，版本 16.17.1 LTS。

圖 B.1　Node.js 安裝檔下載網頁

完成安裝檢視版本，執行命令提示字元

```
> node --version
> npm --version
```

註：npm 為 Node.js 套件管理者（Package manager for Node.js packages），利用它安裝 Node-RED。

(2) 安裝 Node-RED

```
> npm install -g --unsafe-perm node-red
```

(3) 執行 node-RED：以 Windows 為例說明

```
> node-red
```

打開瀏覽器，例如：Google Chrome，網址為 127.0.0.1:1880，即可進入編輯環境。

2. **Node-RED** 環境

如圖 B.2，點擊畫面「+」新增流程，頁面

◆ 左邊「結點區」

◆ 中間「流程規劃區」

◆ 右邊「資訊顯示區」、「除錯訊息區」、「儀表結點設定區」

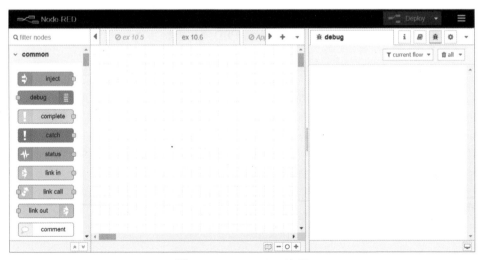

圖 B.2 Node-RED 流程

3. 流程規劃

流程規劃步驟

◆ 結點區抓結點，放至流程規劃區

◆ 連接結點

◆ 完成後，點擊「Deploy」部署

舉例說明，首先利用滑鼠左鍵在結點區抓「inject」（注入點）作為流程啟動點，放至「流程規劃區」，再抓「debug」，放至「流程規劃區」，「inject」輸出訊息端子在右側，而「debug」接收訊息端子在左側，游標移至「inject」輸出端子，按住滑鼠左鍵，移動滑鼠至「debug」結點，點擊結點，兩端子連線，完成流程規劃，如圖 B.3。

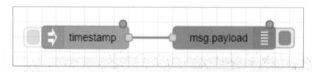

圖 B.3　Node-RED 流程規劃

完成「Deploy」部署，流程裡所有結點右上方的藍點消失，點擊「inject」結點左邊方格，啟動流程。按 Node-RED 網頁右上角「≡」，選 View ＞ Debug messages。

Node-RED 流程各結點間，是以訊息方式傳遞資料，訊息物件名稱 msg，基本屬性：主題（topic）、負載（payload）。

4. 結點安裝

執行 Node-RED 的 Manage palette：

(1) 按 Node-RED 網頁右上角「≡」＞ Manage palette ＞ Install。

(2) 輸入關鍵詞：dashboard，找到 node-red-dashboard，點擊「install」（圖示「installed」表示已安裝），如圖 B.4。

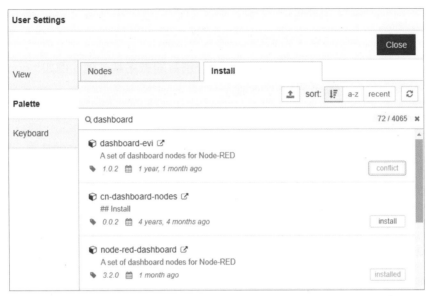

圖 B.4　搜尋 dashboard 結點

(3) 重新整理 Node-RED 網頁，「dashboard」將出現在結點區。

4. 結點群

(1) common 群：常見結點，有 inject、debug 等，inject 啟動流程，debug
顯示訊息。

(2) function 群：此為最常使用的結點，使用 JavaScript 程式碼，屬於文字型
態的函式架構，可以宣告變數、條件判斷、邏輯或算術運算等，功能強
大。JavaScript 語法請參考附錄 C。

➤ 資料儲存：流程的資料隨著路徑流動至結點進行運算處理，若要在其
他地方讀寫，可儲存成變數型態。依據讀寫範圍分成 3 種型態

● context：結點內可讀寫

● flow：同一流程每一結點都可讀寫

● global：所有流程每一結點都可讀寫

➤ 讀寫資料方法

- get：讀取資料，引數為變數名稱，例如：context.get（varName），varName 字串使用雙引號或單引號

- set：寫入資料，2 個引數分別為變數名稱、值，例如：context.set（varName, varValue）

➢ 函式回傳值：msg

(3) network 群：主要有 mqtt.in、mqtt out、http in、http request 等，其中 mqtt in 與 out 連接 MQTT 伺服器，發布或訂閱主題，

➢ mqtt in：訂閱訊息

➢ mqtt out：發布訊息

(4) storage 群：主要有 write file、read file。

(5) dashboard 群：指針式或數位式儀表、控制開關等結點

➢ button：按鍵，點擊後輸出訊息負載 true 或 false，也可以輸出其他形式訊息負載

➢ switch：開關，初次點擊 On，再點擊 Off，交替重複，分成 On/Off 兩種狀態輸出訊息，負載為 true/false 或其他

➢ slider：滑標，移動滑塊輸出數值，設定最大值、最小值、與改變量

➢ gauge：指針式儀表，顯示輸入數值，設定最大值與最小值

➢ chart：圖表，顯示連續變化數據

➢ text：文字框，顯示輸入文字

5. 使用者介面設計

按 Node-RED 網頁右上角「≡」> View > Dashboard > Layout，設計「使用者介面」，「+tab」新增頁籤，例如名稱 HiveMQ，「+ Group」新增 Monitoring 群組，在「流程規劃區」新增儀表結點有「switch」、「Temp」、「Humi」，納入群組。

圖 B.5　使用者介面設計

附註

■ 每次部署 Node-RED 流程，位於使用者目錄 .node-red/flows_< 裝置名稱
>.json 會被覆寫，建議讀者定期複製該檔案

■ ctrl+c 停止 Node-RED

■ 本書提供全部例題的流程 flows_examples.json，請讀者多加利用

附錄 C   JavaScript

Node-RED 流程 function 結點是 JavaScript 程式，它與 C 語言類似，本附錄介紹一些常用的語法。

1.   **JavaScript** 基本特性

   (1) 以「{ }」界定程式區塊。

   (2) 每一行陳述以分號「；」結束。

   (3) 變數名稱大小寫有分，第一個必須為英文字母。

   (4) 變數名稱以駝峰式命名，例如：endDevice。

   (5) 字串以單引號或雙引號包住。

   (6) typeof 取得變數資料型態。

   (7) // 單行註解；/*…..*/ 多行註解。

2.   變數宣告

   (1) let：宣告一般變數或建立物件。另 var，不建議使用。

   (2) const：宣告常數變數。

3.   變數種類

   (1) string：字串，例如：let myName='tclin'。

   (2) number：數值，例如：let totalNumber = 60。

   (3) boolean：布林值，true/false，例如：let swStatus = false。

4.   物件（**object**）

   (1) 物件產生方式

   ➤ 例如：let endDevice = {}; // 建議使用

   ➤ 例如：let endDevice = new Object();

   (2) 新增屬性

   ➤ 例如：endDevice['ID'] = 'room1';

(3) 讀寫物件屬性可以用 dot 運算子，或以屬性當索引，索引屬性需引號

> ➤ 例如：endDevice.ID = 'room1';

> ➤ 例如：endDevice['ID'] = 'room1';

5. **string** 物件方法

(1) split：分割字串。

(2) slice：擷取子字串。

(3) length：字串長度。

(4) search：搜尋子字串。

(5) substr：擷取設定長度子字串。

(6) toUpperCase：轉換成大寫字母。

(7) toLowerCase：傳換成小寫字母。

(8) concat：將兩字串串接。

(9) trim：刪除字串前後空格。

6. 條件判斷：以 {} 界定符合條件的執行範圍

```
if () {
...
} else if {
...
} else {
...
}
```

7. 多情況判斷：每一個 case 需以 break 結束

```
switch (myCase) {
    case 'one':
    ...
```

```
        break;
    case 'two':
    ...
        break;
    default:
    ...
        break;
}
```

8. 邏輯運算

   (1) &&：and 運算。

   (2) ||：or 運算。

   (3) !：反相。

9. 比較運算：兩個運算元（operand）的比較

   (1) ==：相等；===：值與資料型態均相等。

   (2) >=：大於或等於；<=：小於或等於。

   (3) !=：不等於；!==：資料型態相同但值不相等。

10. 重複執行：for

```
for (let i=0; i<10; i++) {
...
}
```

11. array：陣列以 [] 表示，元素資料型態可以不同，陣列也是一種物件

   (1) push 函式：新增元素。

   (2) pop 函式：移除最末項。

   (3) 屬性 length：陣列長度。

12. 內建函式

(1) parseInt()：將數字字串轉換成整數值。

(2) parsefloat()：將數字字串轉換成浮點數值。

例題 C.1

長度 6 字串，前 3 字元為 10 倍溫度值，後 3 字元為濕度值，試計算溫濕度值。

📶 Node-RED 流程

01 流程規劃：1 個 inject、1 個 function、2 個 gauge 結點，如圖 C.1。

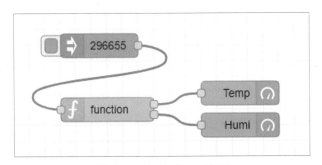

圖 C.1　Node-RED 流程

02 結點說明

■ inject：payload 為字串，例如：296655

■ function：2 個輸出至 gauge 結點

◆ let msg1 = {}、let msg2 = new Object()：宣告新物件

◆ tempHumi.substr：取子字串

◆ parseInt：轉成整數

◆ msg1.payload：指定屬性值

```javascript
let msg1 = {};
let msg2 = new Object();
let tempHumi = msg.payload;
const temp = tempHumi.substr(0, 3);
const humi = tempHumi.substr(3, 3);
let tempValue = parseInt(temp)/10;
let humiValue = parseInt(humi)/10
msg1.payload = tempValue;
msg2.payload = humiValue;
return [msg1, msg2];
```

（參考資料：https://www.w3schools.com/jsref/ ）

附錄 D　NodeMCU-32S

NodeMCU-32S（簡稱 ESP32）為開源的物聯網平台，石英振盪頻率為 40MHz、時脈頻率調整範圍 80 ～ 240MHz、4MB 快閃記憶體（flash memory）、38 支腳、支援 Wi-Fi 802.11b/g/n 與藍牙 4.2，腳位如圖 D.1。

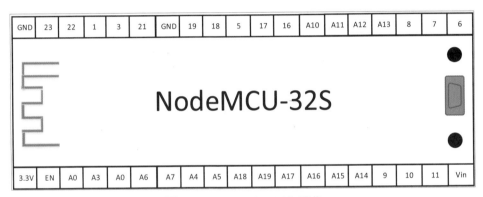

圖 D.1　NodeMCU-32S 腳位

1.　一般數位輸入與輸出腳位：共 19 支，分別為 GPIO2、4 ～ 5、12 ～ 19、21 ～ 23、25 ～ 27、32 ～ 33。

2.　類比訊號輸入腳位：16 個 12 位元解析度頻道，分成 ADC1（A0、A3 ～ 7）與 ADC2（A10 ～ 19）兩組。

3.　串列傳輸（UART）腳位：TX（GPIO1）、RX（GPIO3）。

4.　I2C 腳位：SDA（GPIO21）、SCL（GPIO22）。

5.　輸出電源：1 個 3.3V、1 個 5V 電源輸出。

6.　電源供應：4.75 ～ 5.25V 由 micro USB 供電，或 Vin 腳位接 3 ～ 3.6V 外部電源。

附錄 E　Arduino Pro Mini

Arduino Pro Mini 可視為 UNO 的縮小版，使用相同的微控制器 ATmega328P，具備 UNO 大部分的功能。Arduino UNO 主要是用來測試或暫時組裝，而 Arduino Pro Mini 體積小，可以作為永久設置使用。當然 Arduino Pro Mini 也因為縮小了體積，少了直接上傳程式的功能，需額外處理。Arduino Pro Mini 有 5V（16MHz）與 3.3V（8MHz）的版本，我們利用 Arduino Pro Mini 連接 LoRa 收發器，請讀者購置 3.3V 的版本。通常板子未焊接腳，也有商家販售焊好接腳的板子。

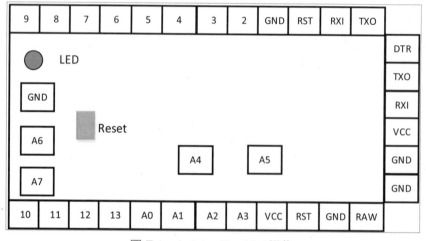

圖 E.1　Arduino Pro Mini 腳位

1.　一般腳位：14 個數位輸入輸出腳位（TXO、RXI、2 ～ 13），3.3V 準位，8 個類比訊號輸入腳位（A0 ～ A7），處理類比訊號具有 1024 的解析度。第 13 腳位接內建 LED。VCC 接 3.3V（3.3V 版本）或 5V（5V 版本）電源；若超出 3.3V 或 5V（最高至 12V），可以接 RAW 腳位，因內部有穩壓器可以調整至工作電壓。

2.　SPI 腳位：4 個數位輸入輸出腳位用於 SPI 通訊，腳位對照如表 E.1。第 10 章的 LoRa 收發器與 Arduino Pro Mini 通訊為 SPI 介面。

表 E.1　腳位對照表

Arduino Pro Mini pin	SPI
10	SS
11	MOSI
12	MISO
13	SCK

3.　上傳程式：使用 USB 轉 UART 模組（例如：CP2102），接線與第 9 章設定 RYLR896 參數相同，腳位如表 E.2。執行 Arduino IDE，撰寫程式，可以開啟範例 Blink.ino，更改延遲時間，測試 Arduino Pro Mini 是否順利連線。編譯環境設定：

◆　工具列 > 開發板 > Arduino Pro or Pro Mini

◆　處理器 > ATmega328P（3.3V, 8MHz）

表 E.2　燒錄程式腳位表

Arduino Pro Mini pin	USB 轉 UART pin
VCC	3.3V
GND	GND
RXI	TXD
TXO	RXD
DTR	DTR

若 USB 轉 UART 模組沒有 DTR 腳位，亦可以使用，**只是在開始編譯程式時按住 Arduino Pro Mini 的 Reset 鍵，直到出現「上傳中」（Uploading）字幕才鬆手。**

（參考資料：https://docs.arduino.cc/retired/boards/arduino-pro-mini）

附錄 F　閘道器 Gateway

Heltec Automation 公司出品型號 HT-M01S（Rev. 2.0）的 LoRa Gateway，硬體由 SX1303+1250 與 ESP32 組成，8 個頻段，支援 LoRaWAN 1.0.2 Class A、C 協定，設 WiFi、LoRa 天線，具有顯示幕。（參考資料：https://docs.heltec.org/en/gateway/ht-m01s_v2/ ）

參數設定步驟：開機 5s 內按「+」鍵（位於基座底部），設為 LoRa 閘道器

1. 利用 WiFi 連線（亦可使用網路線），長按「-」鍵，同時按下 RST 鍵後鬆手，瀏覽可用無線網路，點選 M01S_XXXX，打開瀏覽器，登入 192.168.4.1，使用者名稱：HT-M01S，密碼：heltec.org。

2. 設定 WiFi SSID 與密碼。

3. 記下 Gateway ID，在 TTN 建立 Gateway 時需要這資料。

4. 伺服器位址，本例為 au1.cloud.thethings.network，它位於澳洲，距離台灣最近。

5. 設定地區（Region）為 AS923_1。

6. 設定時區（Time Zone）為 UTC+8。

7. 其餘維持原設定。

8. 設定完成後，按「Submit」，閘道器重新啟動，開始運作。

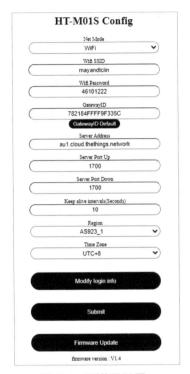

圖 F.1　閘道器配置

附錄 G JSON 資料格式

JSON 是 JavaScript Object Notation 的頭字語，它是一個輕量型資料互傳的格式

- 文字格式
- 人們可以輕易讀寫
- 機器可以輕易解析與產生
- 與使用的程式語言無關

（https://www.json.org/json-en.html）

主要格式：

1. 以 {} 包覆，稱為 JSON 物件。

2. 每一項目為 [關鍵詞：值]，項目之間以逗號分隔。

3. 關鍵詞以雙引號包覆。

4. 值可以是字串、布林值、數值等資料型態，也可以是陣列，或另一個物件 {}。

5. 取值方式：例如物件名稱為 obj、關鍵詞為 "name"，以 obj.name 或 obj["name"] 取值。

例題 G.1

利用 Node-RED 建立 JSON 物件並讀取資料，顯示在 text 結點。

🛜 Node-RED 流程

01 流程規劃：1 個 inject、1 個 function、5 個 text、1 個 debug 結點，利用 debug 結點查看 JSON 物件。

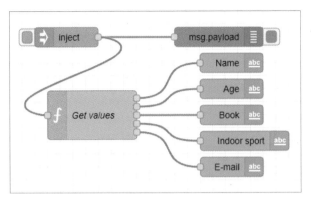

圖 G.1　流程

02 結點說明

■ inject：msg.payload 型態為 JSON，點擊「…」進行編輯

圖 G.2　inject 結點編輯

JSON 內容

```
{
    "name": "wang",
    "age": 25,
    "email": [
        "wang@gmail.com",
        "wang_office@gmail.com"
    ],
    "book": "The Wonderful Wizard of OZ",
    "sport": {
        "indoor": "yoga",
        "outdoor": "jogging"
    }
}
```

■ debug：顯示 JSON 物件

圖 G.3 　debug 結點顯示 JSON 物件

- function：名稱 Get values，取值方式
  - 關鍵詞取值：obj.name、obj.age、obj["book"]、obj.sport.indoor
  - 陣列索引取值：obj.email[0]

  註：此結點有 5 個輸出，在 Setup 頁籤設定。

圖 G.4　function 結點編輯

03 使用者介面：如圖 G.5。

圖 G.5　使用者介面

附錄 H　電子零件清單

項次	項目名稱	數量	使用的章節
1	ESP32	2～3	1～10
2	DHT11/DHT22	2	1～10
3	光敏電阻器 CDS SEN5003 10mm	1	1、3、10
4	100kΩ 電阻器	1	1、3、10
5	繼電器模組	1	4～5、9～10
6	抽水幫浦	1	5、10
7	伺服馬達 MG995	1	9
8	Arduino UNO	1	9
9	RYLR896	2～3	9
10	CP2102	1	9、10
11	Ra-01H	1～2	10
12	RFM95W	1～2	10
13	Arduino Pro Mini	1～2	10
14	土壤濕度感測器	1	10
15	HT-M01S	1	10
16	按壓開關	1～2	1、2、9
17	LED	5	1～3、8
18	330kΩ 電阻器	5	1～3、8
19	可變電阻器	1	1、2
20	磁簧開關	1	9、10
21	PIR 感測器	1	10
21	麵包板	1～4	1～10
22	跳線		1～10